能源与动力工程

计算机模拟实训

刘向东　主编　　张程宾　邓梓龙　副主编

U0196747

化学工业出版社

·北京·

内容简介

本书是一本利用计算机模拟技术开展能源与动力专业理论学习与实践的指导教材，以"物理模型＋数学模型＋代码实现"的形式，介绍应用 MATLAB、C＋＋、OpenFOAM 等常用计算机程序语言或开源软件进行能源与动力专业典型理论与工程案例的计算机模拟与分析，所展示的案例囊括了热力学、流动、传热、多相流、燃烧与化学反应、流体机械 6 个专业细分方向，并给出了翔实的程序代码或软件操作流程。

本书将理论与实践相结合，内容丰富实用，语言通俗易懂，可作为能源与动力工程、新能源科学与工程，以及储能科学与工程等能源动力类专业计算机模拟实践类教学的课程教材，也可供从事能源动力研究的相关教师和科技工作者参考。

图书在版编目（CIP）数据

能源与动力工程计算机模拟实训 / 刘向东主编 . 一北京：
化学工业出版社，2023.9（2025.2重印）
ISBN 978-7-122-43638-2

Ⅰ.①能… Ⅱ.①刘… Ⅲ.①能源-计算机模拟②动力
工程-计算机模拟 Ⅳ.①TK-39

中国国家版本馆 CIP 数据核字(2023)第 101718 号

责任编辑：张　赛　　　　文字编辑：侯俊杰　李亚楠　陈小滔
责任校对：宋　玮　　　　装帧设计：张　辉

出版发行：化学工业出版社
　　　　　（北京市东城区青年湖南街 13 号　邮政编码 100011）
印　　装：北京天宇星印刷厂
710mm×1000mm　1/16　印张 13¾　字数 268 千字
2025 年 2 月北京第 1 版第 2 次印刷

购书咨询：010-64518888　　　售后服务：010-64518899
网　　址：http://www.cip.com.cn

凡购买本书，如有缺损质量问题，本社销售中心负责调换。

定　价：98.00 元

前　言

近些年来，随着电子和信息技术的发展，计算机性能持续提升，软件工具不断更新进步，计算机模拟在能源与动力工程领域的参与度越来越高，展现出了经济性、安全性、灵活性等多重优点，促进了能源动力科学研究的进步和工程技术的发展。但开展能源与动力工程计算机模拟需要具备全面的专业知识和扎实的数理基础以及一定的编程能力，这对能源与动力工程专业的学生提出了较高要求。而到目前为止，国内针对能源与动力工程专业计算机模拟类实践课程的指导性教材较少。为了培养学生利用计算机模拟技术解决能源与动力工程实际问题的能力，加深他们对专业理论知识的理解，并为其将来从事能源与动力工程模拟工作或开展相关科学研究打下良好基础，我们在多年教学改革实践的基础上，编写了本书。

全书共分为八章，第 1 章介绍计算机模拟的基本理论及其在能源与动力工程专业的应用，第 2 章至第 7 章介绍热力学、流动、传热、多相流、燃烧与化学反应、流体机械 6 个专业细分方向上典型教学或实践案例的计算机模拟与分析方法，第 8 章介绍能源与动力工程专业的其他常用计算机模拟软件。本书在编写案例时，首先是介绍有关背景知识和科学规律，然后使用适当的定量描述方法构建研究对象的物理模型和数学模型，再采用合适的程序语言/软件和数值计算方法来进行运算求解并获得计算结果，最后对典型计算结果进行展示并加以分析讨论，力求做到理论与实践相结合，深入浅出地展现能源与动力工程计算机模拟的关键思路和主要方法。书中各种案例的程序设计与运算均以实例程序代码或软件操作教程为核心，所涉及的 MATLAB、C++、OpenFOAM 等程序语言或开源软件均很常见，语言编译或软件操作容易上手且相关学习资料或操作手册获取方便。

本书由扬州大学刘向东教授担任主编，东南大学张程宾教授和邓梓龙副教授担任副主编，参与编写的人员包括扬州大学徐寅副教授、黄先北副教授、孙振业副教授、于程副教授。其中刘向东编写第 1 章、第 4 章和第 5 章，张程宾编写第 2 章，邓梓龙编写第 3 章，徐寅编写第 6 章，黄先北编写 7.1 节和 7.2 节，孙振业编写 7.3 节和 7.4 节，于程编写第 8 章。

在本书编写过程中，课题组老师于程、沈超群、吴梁玉和研究生樊成成、卢悦、张玉峰等在文献整理、插图制作和文字校稿等方面提供了很多帮助，在此表示感谢。本书的出版还得到了国家自然科学基金和 MathWorks 图书计划的支持，在此一并感谢。

由于编者水平有限，加之编写时间仓促，恳请读者对书中的不妥之处批评指正。

编者

目 录

第6章 燃烧与化学反应模拟 / 144

第7章 流体机械模拟 / 166

第8章 能源与动力工程专业其他常用计算机模拟软件 / 208

第1章

概　述

1.1　计算机模拟的基本概念

模拟的概念来源于英文"Simulation",最早指的是建立模型来分析与研究真实世界中的事物或过程,其前提是根据研究的需要,抓住真实世界中事物或过程的本质或主要矛盾,将其进行简化和提炼,以建立一个模型。但受限于早期研究工具的缺乏和计算能力的不足,模拟在科学与工程研究、设计方面并未得到充分发展。直到20世纪40年代,第一台通用计算机的诞生,模拟才在计算工具的支持下实现了飞速进步,大量共性理论、方法和技术不断涌现。由此,计算机模拟的概念才逐步成型,逐渐形成了一门综合性、多学科交叉的理论和技术体系。

具体来说,计算机模拟是基于相似性原理、控制论等理论知识,利用计算机和其他物理设备工具,建立针对实际事物或过程的模型,并开展计算机上的模拟、分析和试验,从而探索实际事物或过程的规律并掌握其有关特性,最终达到认识和改造真实世界的目的。其中,模型主要指的是数学模型,实质上就是建立对所研究对象本质和内在关系的数学描述。根据模型的时空演化特性,可将模型划分为稳态模型和非稳态模型、连续模型和离散模型、宏观模型和微/介观模型等多种类型。早在计算机刚刚诞生的20世纪40年代,冯·诺依曼教授就在曼哈顿计划中利用计算机模拟了中子的随机运动。近些年来,随着电子和信息技术的发展,计算机性能持续提升,软件工具也在不断更新进步。计算机模拟在科学研究和工程技术领域扮演了越来越重要的角色,已成功应用于多种复杂工程,如综合能源系统、高能物理、气象预测等,展现出了经济性、安全性、灵活性等多重优点,促进了科学研究的进步和工程技术的发展。

1.2 计算机模拟的作用与特点

由于可以模仿事物或过程的真实表现，计算机模拟可以用较小的花费和较低的风险实现对航空航天、能源、化工等领域实际工程对象的设计、研究和分析，其主要用途包括以下几方面。

① 复杂系统优化设计。在进行复杂系统设计时，可以通过计算机模拟研究和对比分析不同结构和工作参数下系统的运行特性和工作性能，获得复杂系统的优化设计方案。

② 科学研究与认知。计算机模拟可以基于研究对象所遵循的物理、化学基本理论（如统计物理学理论、量子化学理论、电磁理论等），建立以控制方程组为特征的理论模型，进而通过数值计算方法对理论模型加以求解并开展数值模拟研究，由此开展计算机上的虚拟实验与科学分析，从而建立或深化对研究对象的科学认知。

③ 教学与训练。因无需昂贵的教学、训练设备和复杂现场条件，并兼具结果展示直观生动、操作危险系数低等多重优势，计算机模拟为学生和专业技术人员开展训练与教学提供了一种有效工具。当今，理、工、农、医等专业领域都开发出了基于计算机模拟的虚拟教学与训练设备，取得了良好的教学、训练效果。

迄今为止，计算机模拟在实际应用中主要展现出了以下特点。

① 经济性。与传统实验方法相比，计算机模拟是在计算机上模拟实际事物或过程，既可避免如大型发电系统、航天飞行器等复杂系统的实地安装和运行，又可节省例如贵金属、生物制剂等昂贵的实验耗材，表现出了良好的经济性。

② 安全性。随着现代工程技术朝着高参数、大型化、复杂化的方向发展，开展高温高压化工反应装备、原子反应堆、高速透平机械等工程场景下的实验测试与分析，存在着诸如爆炸、辐射、腐蚀、中毒等风险隐患。计算机模拟合理规避了这些风险隐患，表现出良好的安全性。

③ 灵活性。计算机模拟不受时间、空间、条件的限制，能够根据需求随时调整模拟的方案、装置和参数，及时发现非正常现象与错误并进行修正，并通过反复对比分析获得最优方案，较传统实验方法更加灵活。

1.3 计算机模拟的基本步骤

计算机模拟的步骤如图 1-1 所示，具体描述如下。

① 理论建模。对实际事物或过程等研究对象的基本情况进行分析，确定研究对象的运行规律和机理，获得影响研究对象的关键因素，考虑计算机性能、运行规律、复杂程度等情况确保使用合适的数学描述方法来表征研究对象，从而构建研究对象的理论模型。

② 确定数值计算方法。在所构建的以控制方程组为特征的理论模型基础上，依据研究对象的运行规律和机理，确定合适的数值计算方法来求解描述理论模型的控制方程。

③ 模型验证。对运用数值计算方法初步模拟获得的计算结果，通过和相关经典理论的解析解或者研究对象的实验结果与实际运行数据进行对比，用以验证理论模型的可靠性和数值计算方法的合理性。

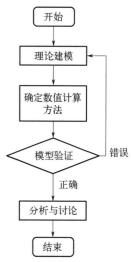

图 1-1　计算机模拟步骤

④ 分析与讨论。在完成模型验证的基础上，根据研究目标，调整理论模型的相关参数，对研究对象的数值模拟结果进行分析和讨论，获得相关的研究结论。

1.4 计算机模拟在能源与动力工程专业的应用

随着能源科学技术的发展，计算机模拟在能源与动力工程专业的参与度越来越高，研究范畴可以从微观尺度流动传热、界面特性等一直延伸到宏观视角下的能源动力装备运行特性、大气污染物扩散与迁移等。如图 1-2 所示，一些典型的能源与动力工程计算机模拟案例可以包括：

① 能源系统热力学循环。

② 微纳尺度/宏观尺度通道内流动与传热。

③ 一维/二维稳态热传导。

④ 气液相变传热/固液相变传热。

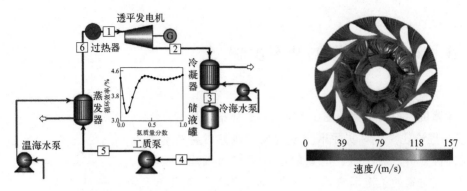

(a) 混合工质海洋温差能发电热力循环效率

(b) 向心式透平内蒸汽流动

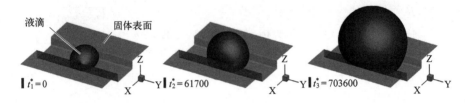

(c) 沟槽表面冷凝过程

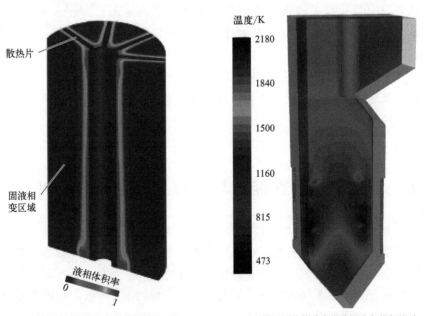

(d) 散热片型固液相变储热器熔化过程

(e) 煤粉锅炉炉膛内燃烧反应与烟气流动

图 1-2 典型的能源与动力工程计算机模拟案例

⑤ 气液/液液/气固/液固多相流动。

⑥ 燃烧反应动力学。

⑦ 流体机械内流动。

⑧ 多孔介质传热传质。

⑨ 燃料电池内传热传质。

……

因此，计算机模拟不仅在能源与动力工程专业的工程热力学、工程流体力学、传热学、燃烧学、流体机械、锅炉原理、汽轮机原理等专业课程的虚拟仿真实验教学与演示方面得到了广泛应用，还为能源与动力工程领域的科学研究和工程技术研发提供了有力的方法论工具。

第2章

热力学模拟

2.1 低温朗肯循环模拟

2.1.1 引言

蒸汽朗肯循环（SRC）以高温高压水蒸气作为循环工质，工质在热力设备中经过等压加热、绝热膨胀、等压放热和绝热压缩四个过程将热能转化为机械能。当能源种类（如：化石能源、太阳能、核能等）满足 SRC 对热源形式和品位需求时，SRC 仍然是首要选择。但是，当从能源获取的温度/热能品位受到限制时（$T<$ 500℃），在热力循环的选择中采用低沸点制冷剂的朗肯循环（RC）则更具有吸引力[1]。与 SRC 不同，低温朗肯循环通常使用沸点较低的有机工质（如 R134a）或无机工质（如氨）作为循环工质，工质的比热容和临界压力较小，从而使循环具有较大的工质流量和较小的气化压力，可以在很大程度上保证系统的可靠性，降低系统的复杂程度；此外，低沸点工质较小的膨胀比可以让透平使用更少的膨胀级，降低透平的设计和制造难度。

如图 2-1 所示，RC 系统通常包括蒸发器、冷凝器、透平和工质泵四个主要部件。循环过程中，工质泵将工质加压输送到蒸发器，在蒸发器内，工质从热源吸收热量形成高温高压蒸气；蒸气进入透平驱动动叶转动，将热能转化为机械能。最后，透平乏气进入冷凝器将热量输送给冷源，工质恢复到初始状态，完成一个做功循环。RC 的性能（如热效率、㶲效率）在很大程度上受蒸发温度、冷凝温度、过热度等设计参数的影响。为了匹配不同温度水平的热源，提高系统性能，RC 的设计参数往往需要根据实际情况作出适当调整。因此，为了体现设计参数对 RC 系统性能的影响，本节将建立 RC 的热力学模型，并研究设计参数对 RC 热效率的影响，以期使读者掌握热力循环状态参数的求解流程，并加深对热力学循环理论的认识。

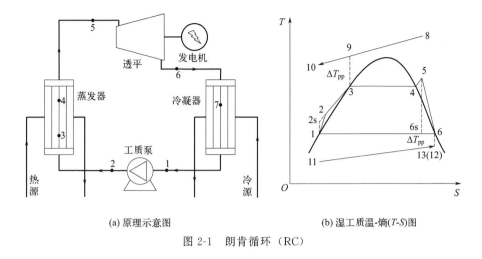

(a) 原理示意图　　　　　　(b) 湿工质温-熵(T-S)图

图 2-1　朗肯循环（RC）

2.1.2　物理模型

【例题 2-1】　如图 2-1 所示的 RC 系统，使用氨（R717）作为工质，忽略系统工质循环压降，而且假设工质泵入口处于饱和状态，试计算蒸发温度、冷凝温度以及过热度对系统热效率的影响。假设工质泵和透平的等熵效率为 80%。

2.1.3　数学模型

作为 RC 的主要功能部件，工质泵负责系统工质输运的同时需要消耗一定的电量。工质泵的功耗 W_p 可以表达为：

$$W_p = \frac{\dot{m}_{wf}(h_2 - h_1)}{\eta_{p,is}} \tag{2-1}$$

式中，$\dot{m}_{wf}$ 为工质质量流量；$\eta_{p,is}$ 为工质泵的等熵效率；h 为比焓。数字下标与图 2-1 中 T-S 图中的标号相对应。

向心式透平等熵效率高，被广泛应用于装机容量小于 2MW 的 RC 中。假设透平的等熵效率是 $\eta_{t,is}$，透平的输出功率 W_t 可以表示为

$$W_t = \dot{m}_{wf}(h_5 - h_6) = \frac{\dot{m}_{wf}(h_5 - h_{6s})}{\eta_{t,is}} \tag{2-2}$$

对于系统蒸发器，能量守恒方程为

$$Q_{eva} = \dot{m}_{wf}(h_5 - h_2) = \dot{m}_{hw}c_p(T_8 - T_{10}) \qquad (2\text{-}3)$$

式中，Q_{eva} 为蒸发器的换热量；$\dot{m}_{wf}$ 和 $\dot{m}_{hw}$ 为工质和热源的质量流量；c_p 为热源比热容；h 为比焓；T 为温度。数字下标与图 2-1 中 T-S 图中的标号相对应。

对于系统冷凝器，能量守恒方程为

$$Q_{con} = \dot{m}_{wf}(h_6 - h_1) = \dot{m}_{cw}c_p(T_{13} - T_{11}) \qquad (2\text{-}4)$$

式中，Q_{con} 为冷凝器的换热量；$\dot{m}_{cw}$ 为冷源的质量流量。

由上可知，RC 净效率 η_{net} 可以表示为

$$\eta_{net} = \frac{W_t - W_p}{Q_{eva}} \qquad (2\text{-}5)$$

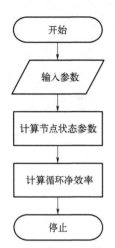

图 2-2 低温朗肯循环热力计算流程图

2.1.4 程序设计与运算

本节中低温朗肯循环数学模型的求解由 MATLAB 2019 软件完成，其中涉及的工质物性参考美国国家标准与技术研究院（NIST）标准库，具体的求解流程如图 2-2 所示。MATLAB 求解程序包括主程序 solve 和子程序 RC，其中主程序 solve 用于输入参数并输出结果，子程序 RC 用于完成低温朗肯循环模型的求解。

（1）主程序 solve

```
% 输入参数
T_eva=27;                              % 蒸发温度℃
T_con=10;                              % 冷凝温度℃
T_sh=3;                                % 过热度℃
% 调用主函数并输出结果
eta_net=RC(T_eva,T_con,T_sh);          % W
```

（2）子程序 RC

```
function eta_net=RC(T_eva,T_con,T_sh)
% 本函数用于计算 RC 的性能变化
% 输入参数：T_eva,T_con,T_sh 分别是蒸发温度、冷凝温度、过热度
% 输出参数 eta_net 是 RC 系统净效率
WorkingFluid='Ammonia';                % 确定工质
eta_is_P=0.8;                          % 工质泵等熵效率
eta_is_T=0.8;                          % 透平等熵效率
T1=T_con;                              % 工质泵入口温度
```

```
P1＝refpropm('P','T',T_con＋273.15,'Q',0,WorkingFluid);        ％ 工质泵入口压力
h1＝refpropm('h','T',T_con＋273.15,'Q',0,WorkingFluid);        ％ 工质泵入口比焓
s1＝refpropm('s','T',T_con＋273.15,'Q',0,WorkingFluid);        ％ 工质泵入口比熵
s2s＝s1;                                                        ％ J/(kg·K)
P2＝refpropm('P','T',T_eva＋273.15,'Q',0,WorkingFluid);        ％ 工质泵出口压力
h2s＝refpropm('h','P',P2,'s',s2s,WorkingFluid);
h2＝(h2s-h1)/eta_is_P＋h1;                                      ％ 工质泵出口比焓
T2＝refpropm('T','P',P2,'h',h2,WorkingFluid)-273.15;           ％ 工质泵出口温度
s2＝refpropm('s','P',P2,'h',h2,WorkingFluid);                  ％ 工质泵出口比熵
P3＝P2;
T3＝T_eva;                                                      ％ 蒸发器内饱和液体温度
h3＝refpropm('h','T',T_eva＋273.15,'Q',0,WorkingFluid);        ％ 蒸发器内饱和液体比焓
s3＝refpropm('s','T',T_eva＋273.15,'Q',0,WorkingFluid);        ％ 蒸发器内饱和液体比熵
P4＝P2;                                                         ％ 蒸发器内饱和蒸气压力
T4＝T_eva;                                                      ％ 蒸发器内饱和蒸气温度
h4＝refpropm('h','T',T_eva＋273.15,'Q',1,WorkingFluid);        ％ 蒸发器内饱和蒸气比焓
s4＝refpropm('s','T',T_eva＋273.15,'Q',1,WorkingFluid);        ％ 蒸发器内饱和蒸气比熵
P5＝P2;                                                         ％ 透平入口压力
T5＝T_eva＋T_sh;                                                ％ 透平入口温度
h5＝refpropm('h','T',T5＋273.15,'P',P5,WorkingFluid);          ％ 透平入口比焓
s5＝refpropm('s','T',T5＋273.15,'P',P5,WorkingFluid);          ％ 透平入口比熵
q5＝refpropm('Q','P',P5,'h',h5,WorkingFluid);                  ％ 透平入口干度
P6＝P1;                                                         ％ 透平出口压力
s6s＝s5;
h6s＝refpropm('h','P',P6,'s',s6s,WorkingFluid);
h6＝h5-(h5-h6s)＊eta_is_T;                                      ％ 透平出口比焓
T6＝refpropm('T','P',P6,'h',h6,WorkingFluid)-273.15;           ％ 透平出口温度
s6＝refpropm('s','P',P6,'h',h6,WorkingFluid);                  ％ 透平出口比熵
q6＝refpropm('Q','P',P6,'h',h6,WorkingFluid);                  ％ 透平出口干度
P7＝P1;                                                         ％ 冷凝器的饱和蒸气压力
T7＝T_con;                                                      ％ 冷凝器内饱和蒸气温度
h7＝refpropm('h','T',T7＋273.15,'Q',1,WorkingFluid);           ％ 冷凝器内饱和蒸气比焓
s7＝refpropm('s','T',T7＋273.15,'Q',1,WorkingFluid);           ％ 冷凝器内饱和蒸气比熵
eta_net＝((h5-h6)-(h2-h1))/(h5-h2);                            ％ 净效率
end
```

2.1.5　结果展示与分析

基于以上程序，模拟不同设计参数（蒸发温度 T_{eva}、冷凝温度 T_{con} 和过热度 T_{sh}）下的 RC 净效率，便可得到如图 2-3 所示的 RC 净效率变化曲线。从图中可以

看出，较高的蒸发温度和过热度有利于提高 RC 的净效率，较低的冷凝温度也有助于提高 RC 的净效率。

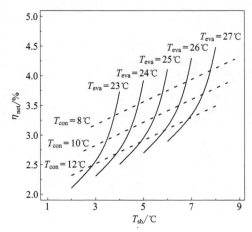

图 2-3　低温朗肯循环热力设计参数对 RC 净效率的影响

2.2　热力循环工质优选模拟

2.2.1　引言

适用于低温朗肯循环的工质品类丰富，物性差别也很大，针对同一种温度水平的冷热源，采用不同工质会导致 RC 不同的运行效果[2]。因此，实际工程中需要对工质进行合理选择。一般来说，RC 的工质选择通常需要满足以下必要条件：

① 安全性高，无毒性或低毒性，不腐蚀管路设备。

② 环境友好，不会对臭氧层造成破坏，臭氧消耗潜能值（ODP）为 0，全球变暖潜能值（GWP）尽可能低。

③ 化学稳定性高，分解温度应远高于应用场景下的热源温度。

④ 临界温度不能过低，理论上应大于热源温度。

⑤ 成本低且易购买。

然后，从满足冷热源要求的工质中选择性能表现较好的工质。此外，考虑到工质饱和曲线具有不同的斜率，工质被分为干工质和湿工质，不同种类的工质也会带来 RC 设计参数上的差异。采用干工质和湿工质的低温朗肯循环 T-S 图分别为图 2-4 和图 2-1(b)。其中，湿工质的饱和蒸气曲线的斜率为负，透平入口的工质经过膨胀后有进入两相区的可能。而处于两相区的工质含有一定量的液滴，撞击在透平的高速叶轮上会造成叶轮表面的损伤。所以，采用湿工质的 RC 在设计阶段需要考虑透平入口蒸气具有一定过热度 T_{sh}。

$$T_{sh} = T_5 - T_{sat} \qquad (2\text{-}6)$$

式中，T_5 表示透平入口温度；T_{sat} 表示工质在透平入口压力下的饱和温度。

在 RC 的设计过程中，主要考虑的性能参数有循环净效率和投资成本。其中，表征投资成本的参数有很多，如单位功率对应的投资额、单位换热器面积对应的输出功率等。考虑到工质选择对相同冷热源环境下

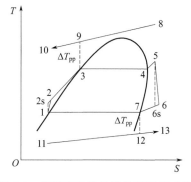

图 2-4　使用干工质的朗肯循环 T-S 图

RC 性能造成的影响，本节将展示一种热力系统设计中较为常用的工质优选方法。

2.2.2　物理模型

【例题 2-2】　针对热源温度 31℃、冷源温度 6℃的能源应用场景，并根据上述 RC 工质选择须满足的五个条件，初步筛选出 10 种 ODP 为 0、GWP 值相对较低且在中低温热源中常用的低沸点工质作为备选工质。它们分别是 R1234yf、R277ea、R1234ze（E）、R134a、R125、R143a、R152a、R161、R32、R717，其中前三种是干工质，后七种是湿工质。预计建设一个装机容量为 50kW 的 RC 发电机组，以净输出效率和单位换热器面积对应的输出功率作为评估参数，对比使用不同工质 RC 的性能差异，从中确定最佳工质。

2.2.3　数学模型

RC 的热力参数计算方法与 2.1 节相同，此处不再赘述。本节主要讲述换热器面积的计算方法。首先需要明确夹点温度（定义为换热器内冷热流体间的最小温差）是换热器设计的基本依据之一。对于蒸发器，夹点通常出现在工质饱和液相处（也有可能出现在换热器端差处，不在本书研究范围内），即

$$\Delta T_{pp,eva} = T_9 - T_3 \qquad (2\text{-}7)$$

式中，$\Delta T_{pp,eva}$ 表示蒸发器夹点处的温差。数字下标与图 2-4 中 T-S 图中的标号相对应。

对于冷凝器，夹点出现在工质饱和气相处。但是干工质和湿工质的计算方法稍有区别：

$$\begin{cases} \Delta T_{pp,con} = T_7 - T_{12} & \text{干工质} \\ \Delta T_{pp,con} = T_6 - T_{13} & \text{湿工质} \end{cases} \qquad (2\text{-}8)$$

式中，$\Delta T_{\text{pp,con}}$ 表示冷凝器夹点处的温差。数字下标与图 2-4 中 T-S 图中的标号相对应。

此外，由于管壳式、板式、板翅式等不同型式的换热器换热效果差别较大，所需换热器面积还与换热器的型式密切相关。本书选择板式换热器作为蒸发器和冷凝器，以此对换热器面积进行计算。

按照工质状态，无论是干工质还是湿工质，蒸发器内工作区域均可分为液相、两相和气相三部分。而对于冷凝器，当工质为湿工质时，冷凝器只有两相区；而当工质为干工质时，冷凝器包括气相和两相两部分。对于上述换热器（即蒸发器和冷凝器），每一部分的换热面积可由牛顿冷却公式计算：

$$A_i = \frac{Q_i}{k_i \Delta T_{\text{lm},i}} \tag{2-9}$$

其中，对数平均传热温差 ΔT_{lm} 表示为

$$\Delta T_{\text{lm}} = \frac{\Delta T_{\text{max}} - \Delta T_{\text{min}}}{\ln \dfrac{\Delta T_{\text{max}}}{\Delta T_{\text{min}}}} \tag{2-10}$$

式中，A_i 表示第 i 部分的换热器面积；Q_i 表示第 i 部分的换热器的换热量；k_i 表示第 i 部分的总传热系数，$\Delta T_{\text{lm},i}$ 表示第 i 部分的温差的对数平均数；ΔT_{max} 和 ΔT_{min} 分别为换热器的最大端差和最小端差。

式(2-9)中的总传热系数 k 表示为

$$\frac{1}{k} = \frac{1}{\dfrac{1}{\alpha_1} + \dfrac{\delta}{\lambda} + \dfrac{1}{\alpha_2}} \tag{2-11}$$

式中，λ 表示换热器金属壁面的热导率；δ 表示换热器间壁的金属壁厚；α_1 和 α_2 分别表示工质侧及冷/热源侧的对流换热系数，该系数通过相应的经验关联式计算。

换热器的冷/热源侧及工质侧单相区（液相区和气相区）的对流换热系数 α 使用 Muley 关联式[3] 计算：

$$\alpha = \frac{\lambda}{l}(0.2668 - 0.006967\beta + 7.224 \times 10^{-5}\beta^2)Re^a Pr^{\frac{1}{3}}\left(\frac{\mu}{\mu_{\text{w}}}\right)^{0.14} \tag{2-12}$$

其中，

$$a = 0.728 + 0.0543\left(\frac{\pi\beta}{45} + 3.7\right) \tag{2-13}$$

式中，α 为换热系数；λ 为热导率；l 为换热器的特征尺寸；Re 和 Pr 分别代表雷诺数以及普朗特数；β 为板式换热器的波纹角；μ 和 μ_{w} 分别代表流体在实际温度下的动力黏度和流体在壁面温度下的动力黏度。

蒸发器工质侧两相区传热系数 α 通过 Amalfi 关联式[4] 计算：

$$
\begin{cases}
\alpha = \dfrac{\lambda}{l}982\beta^{*\,1.101}We_{\mathrm{m}}^{0.315}Bo^{0.320}\rho^{*\,-0.224} & Bd<4 \\[3mm]
\alpha = \dfrac{\lambda}{l}18.495\beta^{*\,0.248}Re_{v}^{0.135}Re_{\mathrm{lo}}^{0.351}Bd^{0.235}Bo^{0.198}\rho^{*\,-0.223} & Bd\geqslant4
\end{cases}
\tag{2-14}
$$

式中，$\beta^{*}=\beta/\beta_{\max}$（此处 $\beta_{\max}=70°$）、$\rho^{*}=\rho_{\mathrm{l}}/\rho_{\mathrm{v}}$ 分别代表人字形波纹板角度比以及密度比；We_{m}、Bo、Re_{v}、Re_{lo}、Bd 分别是平均韦伯数、沸腾数、气相雷诺数、纯液相雷诺数及邦德数。

冷凝器工质侧两相区传热系数由 Shah 关联式[5] 计算：

$$
\alpha=\alpha_{\mathrm{lo}}\left[(1-x)^{0.8}+\frac{3.8x^{0.76}(1-x)^{0.04}}{(P_{\mathrm{sat}}/P_{\mathrm{cr}})^{0.38}}\right]
\tag{2-15}
$$

其中，

$$
\alpha_{\mathrm{lo}}=0.023Re_{\mathrm{lo}}^{0.8}Pr_{\mathrm{l}}^{0.4}\frac{\lambda_{\mathrm{l}}}{d_{\mathrm{h}}}
\tag{2-16}
$$

式中，α_{lo} 表示纯液相物性计算的对流换热系数；x 表示工作流体干度；d_{h} 为冷凝器流体流道当量直径；λ_{l} 和 Pr_{l} 分别表示饱和液态工质的热导率和普朗特数；P_{sat} 和 P_{cr} 分别表示工质的饱和压力和临界压力。

对于 RC，换热面积包括蒸发器和冷凝器的换热面积之和：

$$
A_{\mathrm{tot}}=A_{\mathrm{eva}}+A_{\mathrm{con}}
\tag{2-17}
$$

式中，A_{tot} 表示总面积；A_{eva} 表示蒸发器的面积；A_{con} 表示冷凝器的面积。

本书中表征 RC 投资成本的参数 γ，即单位换热面积对应的净发电量，可表示为

$$
\gamma=\frac{W_{\mathrm{t}}-W_{\mathrm{p}}}{A_{\mathrm{tot}}}
\tag{2-18}
$$

式中，W_{t} 和 W_{p} 分别表示透平的输出功率和工质泵的功耗，计算方法参考 2.1 节。

2.2.4 程序设计与运算

本节中低温朗肯循环热力参数以及换热器面积的求解由 MATLAB 2019 软件完成，其中涉及的工质物性参考美国国家标准与技术研究院（NIST）标准库，具体的求解流程如图 2-5 所示。如下文所述，MATLAB 求解程序包括主程序 solve 和子程序 RC_FluidOptimization，其中主程序 solve 用于输入参数并计算结果，子程序 RC_FluidOptimization 用于完成低温朗肯循环热力参数及所需换热器面积的求解。

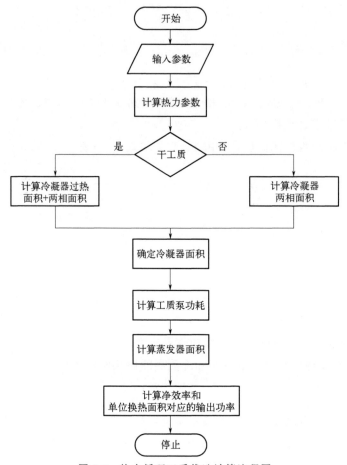

图 2-5　热力循环工质优选计算流程图

（1）主程序 solve

```
％ 输入需要计算的工质
fluid＝'R1234yf'；
％ 调用函数,计算净效率和单位换热面积对应的净发电量
[eta_net,gamma]＝RC_FluidOptimization('fluid')；
```

（2）子程序 RC＿FluidOptimization

```
function [eta_net,gamma]＝RC_FluidOptimization(fluid)
％ 此函数用于计算采用不同工质对系统性能和投资成本的影响
％ 输入参数:fluid 表示工质
％ 输出参数:eta_net 表示净效率,gamma 表示单位换热面积对应的输出功率


％ ％ 输入参数
```

```matlab
Thw=303.15;                                        % K,热源温度
Tcw=277.15;                                        % K,冷源温度
Teva=22+273.15;                                    % K,蒸发温度
Tcon=10+273.15;                                    % K,冷凝温度
deltaTsh=2.0;                                      % ℃,过热度
deltaTpp=2.0;                                      % ℃,换热器夹点温差
W_turbine=50e03;                                   % W,透平输出功率
eta_turbine=0.85;                                  % 透平等熵效率
eta_pump=0.8;                                      % 泵等熵效率


%% 状态参数计算
% 假设冷热源均为水,且水的物性不随温度变化

cp=4090;                                           % J/(kg*K),水比热容
Pcon=refpropm('P','T',Tcon,'Q',0,fluid);           % kPa,冷凝压力
Peva=refpropm('P','T',Teva,'Q',0,fluid);           % kPa,蒸发压力
hcon_out=refpropm('H','P',Pcon,'Q',0,fluid);       % J/kg,假设冷凝器出口饱和

% 计算工质流量
hl_eva=refpropm('H','P',Peva,'Q',0,fluid);         % J/kg,蒸发器内饱和液相比焓
hv_eva=refpropm('H','P',Peva,'Q',1,fluid);         % J/kg,蒸发器内饱和气相比焓
Tout_eva=Teva+deltaTsh;                            % K,蒸发器出口温度
hout_eva=refpropm('H','T',Tout_eva,'P',Peva,fluid);    % J/kg,蒸发器出口比焓
s_turbine=refpropm('S','P',Peva,'H',hout_eva,fluid);   % J/kg,透平进口比熵
hs_turbine=refpropm('H','P',Pcon,'S',s_turbine,fluid);
                                                   % J/kg,等熵膨胀透平出口比焓
hout_turbine=hout_eva-(hout_eva-hs_turbine)*eta_turbine;
                                                   % J/kg,透平出口/冷凝器入口比焓
mflow=W_turbine/(hout_eva-hout_turbine);           % kg/s,工质流量

% 冷凝器
x=refpropm('Q','P',Pcon,'H',hout_turbine,fluid);   % 干湿工质判断
if x<=1   % 湿工质
  Qtot_con=mflow*(hout_turbine-hcon_out);          % 冷凝器中总传热量
  Tpp_dw=Tcon-deltaTpp;                            % 冷源侧夹点温度即冷源出口温度
  Tout_con_dw=Tpp_dw;                              % 冷源出口温度
  m_dw=Qtot_con/cp/(Tout_con_dw-Tcw);              % 冷源流量
else % 干工质
  Tin_con=refpropm('T','P',Pcon,'H',hout_turbine,fluid);   % 冷凝器进口温度
  hv_con=refpropm('H','P',Pcon,'Q',1,fluid);       % 饱和气相焓
  Tpp_dw=Tcon-deltaTpp;                            % 冷源侧夹点温度
```

```
    Qsuper_con＝mflow * (hout_turbine-hv_con);           % 过热部分传热量
    Qtot_con＝mflow * (hout_turbine-hcon_out)            % 冷凝器总传热量
    Qtp_con＝mflow * (hv_con-hcon_out);                  % 冷凝部分传热量
    m_dw＝Qtp_con/cp/(Tpp_dw-Tcw);                       % 冷源流量
    Tout_con_dw＝Qsuper_con/(m_dw * cp)＋Tpp_dw;         % 冷源出口温度
end

% 工质泵
s_pump＝refpropm('S','P',Pcon,'Q',0,fluid);             % 冷凝器出口/工质泵入口比熵
hs_pump＝refpropm('H','P',Peva,'S',s_pump,fluid);       % 工质泵出口等熵焓
hout_pump＝(hs_pump-hcon_out)/eta_pump＋hcon_out;       % 工质泵出口/蒸发器入口比焓
W_pump＝mflow * (hout_pump-hcon_out);                   % 工质泵功耗

% 蒸发器
Tpp_sw＝Teva＋deltaTpp;                                  % K,热源侧夹点温度
Q_tp_super_eva＝mflow * (hout_eva-hl_eva);              % 过热段吸热量
m_sw＝Q_tp_super_eva/cp/(Thw-Tpp_sw);                   % 热源流量
Qsub_eva＝mflow * (hl_eva-hout_pump);                   % 过冷段工质吸热量
Tout_eva_sw＝Tpp_sw-Qsub_eva/(m_sw * cp);               % 热源出口温度
Qtp_eva＝mflow * (hv_eva-hl_eva);                        % 两相段工质吸热量
Tv_sw＝Tpp_sw＋Qtp_eva/(m_sw * cp);                     % 饱和蒸气处对应的热源温度
Qsuper_eva＝m_sw * cp * (Thw-Tv_sw);                    % 蒸发器过热段工质吸热
Qtot_eva＝Qsub_eva＋Qtp_eva＋Qsuper_eva;                % 蒸发器的总吸热量


% % 换热面积计算
% 冷热源物性参数,冷热源流速定为 0.6m/s
lamd_water_hw＝0.6;                                      % 热源热导率
lamd_water_cw＝0.57;                                     % 冷源热导率
Pr_water_hw＝5.8322;                                     % 热源普朗特数
Pr_water_cw＝10.468;                                     % 冷源普朗特数
rho＝1030;                                               % kg/m3,冷热源密度
niu_hw＝0.0085379e-4;                                    % m2/s,热源运动黏度
niu_cw＝0.014712e-4;                                     % m2/s,冷源运动黏度

% 板式换热器相关参数
v_set＝1;                                                % m/s,设定流速
beta＝60;                                                % 波纹角
betamax＝70;                                             % 参考波纹角
delta＝0.0007;                                           % m,板片厚度
lambda＝15;                                              % 板片热导率
```

```matlab
Dh=0.00552223;                                          % 水力直径(一般为 2 倍板间距)
A_cross_eva=m_sw/rho/v_set;                             % 蒸发器流通面积
A_cross_con=m_dw/rho/v_set;                             % 冷凝器流通面积


% 工质侧物性参数计算
% 蒸发器从进口到出口根据工质状态的不同被分为过冷区、两相区和过热区
% 单相区以线性分布计算,两相区以平均孔隙率计算
h_sub_eva=(hout_pump+hl_eva)/2;                         % 蒸发器过冷段平均比焓
lamd_sub_eva=refpropm('L','P',Peva,'H',h_sub_eva,fluid);
                                                        % 蒸发器过冷段平均热导率
miu_sub_eva=refpropm('V','P',Peva,'H',h_sub_eva,fluid);
                                                        % 蒸发器过冷段平均动力黏度
Pr_sub_eva=refpropm('^','P',Peva,'H',h_sub_eva,fluid);
                                                        % 蒸发器过冷段平均普朗特数
h_super_eva=(hv_eva+hout_eva)/2;                        % 蒸发器过热度段平均比焓
lamd_super_eva=refpropm('L','P',Peva,'H',h_super_eva,fluid);
                                                        % 蒸发器过热度段平均热导率
miu_super_eva=refpropm('V','P',Peva,'H',h_super_eva,fluid);
                                                        % 蒸发器过热度段平均动力黏度
Pr_super_eva=refpropm('^','P',Peva,'H',h_super_eva,fluid);
                                                        % 蒸发器过热度段平均普朗特数
rho_l_eva=refpropm('D','P',Peva,'Q',0,fluid);           % 蒸发器工质饱和液态密度
rho_v_eva=refpropm('D','P',Pcon,'Q',1,fluid);           % 蒸发器工质饱和气态密度
U=(rho_v_eva/ rho_l_eva);                               % 密度比
Void=0.5;                                               % 空隙率
rho_tp_eva=Void * rho_v_eva+(1-Void) * rho_l_eva;       % 蒸发器两相段工质平均密度
r=hv_eva-hl_eva;                                        % J/kg,潜热
N=refpropm('I','P',Peva,'D',rho_tp_eva,fluid);          % 表面张力
lamd_l_eva=refpropm('L','P',Peva,'Q',0,fluid);          % 蒸发器工质饱和液态热导率
lamd_v_eva=refpropm('L','P',Peva,'Q',1,fluid);          % 蒸发器工质饱和气态热导率
lamd_tp_eva=lamd_l_eva-Void * (lamd_l_eva-lamd_v_eva);
                                                        % 蒸发器两相段工质平均热导率
miu_l_eva=refpropm('V','P',Peva,'Q',0,fluid);           % 蒸发器工质饱和液动力黏度
miu_v_eva=refpropm('V','P',Peva,'Q',1,fluid);           % 蒸发器工质饱和气动力黏度


% 蒸发器换热面积计算
% 热源侧(物性不变,换热系数也不变)
Re_sw=v_set * Dh/niu_hw;                                                    % 雷诺数
alpha_water_sw=(lamd_water_hw/Dh) * (0.2668-0.006967 * beta+7.224e-5 * beta ^ 2)
* Re_sw^(0.728+0.0543 * sin(3.14 * beta/45+3.7)) * Pr_water_hw^(1/3);    % 传热系数
```

```
% 过冷区
Re_sub_eva＝(mflow/A_cross_eva) * Dh/miu_sub_eva;                % 雷诺数
alpha_sub_eva＝(lamd_sub_eva/Dh) * (0.2668-0.006967 * beta＋7.224e-5 * beta ^ 2) *
Re_sub_eva^(0.728＋0.0543 * sin(3.14 * beta/45＋3.7)) * Pr_sub_eva^(1/3);
                                                               % 工质侧传热系数
alpha_sub_eva_tot＝1/(1/alpha_water_sw＋1/alpha_sub_eva＋delta/lambda);
                                                               % 总传热系数
deltaT_sub_eva＝((Tout_eva_sw-refpropm('T','P',Peva,'H',hout_pump,fluid))-
deltaTpp)/(log((Tout_eva_sw-refpropm('T','P',Peva,'H',hout_pump,fluid))/(deltaTpp)));
                                                               % 平均传热温差
A_sub_eva＝Qsub_eva/deltaT_sub_eva/alpha_sub_eva_tot;          % 过冷区换热面积

% 过热区
Re_super_eva＝(mflow/A_cross_eva) * Dh/miu_super_eva;           % 雷诺数
alpha_super_eva＝(lamd_super_eva/Dh) * (0.2668-0.006967 * beta＋7.224e-5 * beta ^ 2) *
Re_super_eva^(0.728＋0.0543 * sin(3.14 * beta/45＋3.7)) * Pr_super_eva^(1/3);
                                                               % 工质侧传热系数
alpha_super_eva_tot＝1/(1/alpha_water_sw＋1/alpha_super_eva＋delta/lambda);
                                                               % 总传热系数
deltaT_super_eva＝((Thw-Tout_eva)-(Tv_sw-Teva))/(log((Thw-Tout_eva)/(Tv_sw-
Teva)));                                                       % 传热温差
A_super_eva＝Qsuper_eva/deltaT_super_eva/alpha_super_eva_tot; % 过热区换热面积

% 两相区
Bd＝(rho_l_eva-rho_v_eva) * 9.8 * Dh^2/N;                       % 邦德数
A1＝100;                                                        % 假设两相区换热面积
Bo＝(Qtp_eva/A1)/((mflow/A_cross_eva) * r);                     % 沸腾数
if Bd ＜＝4 % 使用邦德数判定关联式
    alpha_tp_eva＝982 * Dh^1.101 * ((mflow/A_cross_eva)^ 2 * Dh/(rho_tp_eva * N))
^ 0.315 * Bo^0.32 * (rho_l_eva/rho_v_eva)^(-0.224) * (lamd_tp_eva/Dh);
    else
    alpha_tp_eva＝18.495 * (beta/betamax)^ 0.248 * ((mflow/A_cross_eva) * Void *
Dh/miu_v_eva)^0.135 * ((mflow/A_cross_eva) * Dh/miu_v_eva)^0.315 * Bd^0.235 * Bo^
0.198 * (rho_l_eva/rho_v_eva)^(-0.223) * (lamd_tp_eva/Dh);
    end
alpha_tp_eva_tot＝1/(1/alpha_water_sw＋1/alpha_tp_eva＋delta/lambda);
                                                               % 总传热系数
deltaT_tp_eva＝(deltaTpp-(Tv_sw-Teva))/(log(deltaTpp/(Tv_sw-Teva)));
                                                               % 传热温差
A_tp_eva＝Qtp_eva/deltaT_tp_eva/alpha_tp_eva_tot;              % 两相部分换热面积
while abs(A_tp_eva-A1)＞0.1 % 迭代
```

```
            A1＝(A_tp_eva＋A1)/2;
            Bo＝(Qtp_eva/A1)/((mflow/A_cross_eva) * r);
            if Bd ＜＝4
                  alpha_tp_eva＝982 * Dh ∧ 1.101 * ((mflow/A_cross_eva)∧2 * Dh/(rho_tp_eva *
N))∧0.315 * Bo∧0.32 * (rho_l_eva/rho_v_eva)∧(-0.224) * (lamd_tp_eva/Dh);
            else
                  alpha_tp_eva＝18.495 * (beta/betamax)∧0.248 * ((mflow/A_cross_eva) * Void
* Dh/miu_v_eva)∧0.135 * ((mflow/A_cross_eva) * Dh/miu_v_eva)∧0.315 * Bd∧0.235 *
Bo∧0.198 * (rho_l_eva/rho_v_eva)∧(-0.223) * (lamd_tp_eva/Dh);
            end
            alpha_tp_eva_tot＝1/(1/alpha_water_sw＋1/alpha_tp_eva＋delta/lambda);
            deltaT_tp_eva＝(deltaTpp-(Tv_sw-Teva))/(log(deltaTpp/(Tv_sw-Teva)));
            A_tp_eva＝Qtp_eva/deltaT_tp_eva/alpha_tp_eva_tot;       % 两相部分换热面积
      end
      Atot_eva＝A_tp_eva＋A_sub_eva＋A_super_eva;                    % 蒸发器总换热面积


      % 冷凝器换热面积计算
      % 使用湿工质时,冷凝器只包含两相区
      % 使用干工质时,冷凝器按照工质流动方向分为过热区和两相区


      % 冷源侧
      Re_dw＝v_set * Dh/niu_cw;                                     % 雷诺数
      alpha_water_dw＝(lamd_water_cw/Dh) * (0.2668-0.006967 * beta＋7.224e-5 * beta∧2)
* Re_dw∧(0.728＋0.0543 * sin(3.14 * beta/45＋3.7)) * Pr_water_cw∧(1/3);
                                                                   % 冷源测传热系数


      % 工质侧
      miu_l_con＝refpropm('V','P',Pcon,'Q',0,fluid);     % 冷凝器内饱和液态工质动力黏度
      Pr_l_con＝refpropm('∧','P',Pcon,'Q',0,fluid);      % 冷凝器内饱和液态工质普朗特数
      lamd_l_con＝refpropm('L','P',Peva,'Q',0,fluid);    % 冷凝器内饱和液态工质热导率
      Pcr＝refpropm('P','C',1,'',1,fluid);               % 工质临界压力
      % 进行工质类型判定
      if x ＜＝1 % 湿工质
            Void_con＝x/2;                                         % 无滑移假设
            Re_lo_con＝(mflow/A_cross_con) * Dh/miu_l_con;         % 等效雷诺数
            alpha_lo＝0.023 * Re_lo_con∧0.8 * Pr_l_con∧0.4 * lamd_l_con/Dh; % 等效传热系数
            alpha_tp_con＝alpha_lo * ((1-Void_con)∧0.8＋(3.8 * Void_con∧0.76 *
(1-Void_con)∧0.04)/(Pcon/Pcr)∧0.38);                             % 传热系数
            alpha_tp_con_tot＝1/(1/alpha_water_dw＋1/alpha_tp_con＋delta/lambda);
                                                                   % 总传热系数
            deltaT_tp_con＝(deltaTpp-(Tcon-Tcw))/(log(deltaTpp/(Tcon-Tcw)));
                                                                   % 传热温差
```

```
        Atot_con=Qtot_con/deltaT_tp_con/alpha_tp_con_tot;      % 总换热面积
    else % 干工质
        % 过热段
        h_super_con=(hout_turbine+hv_con)/2;                    % 过热区平均比焓
        lamd_super_con=refpropm('L','P',Pcon,'H',h_super_con,fluid);
                                                        % 过热区平均热导率
        miu_super_con=refpropm('V','P',Pcon,'H',h_super_con,fluid);
                                                        % 过热区平均动力黏度
        Pr_super_con=refpropm('^','P',Pcon,'H',h_super_con,fluid);
                                                        % 过热区平均普朗特数
        Re_super_con=(mflow/A_cross_con) * Dh/miu_super_con;
                                                        % 过热区平均雷诺数
        alpha_super_con=(lamd_super_con/Dh) * (0.2668-0.006967 * beta+7.224e-5 * beta
^2) * Re_super_con^(0.728+0.0543 * sin(3.14 * beta/45+3.7)) * Pr_super_con^(1/3);
                                                        % 过热区工质侧传热系数
        alpha_super_con_tot=1/(1/alpha_water_dw+1/alpha_super_con+delta/lambda);
                                                        % 过热区总传热系数
        deltaT_super_con=((Tin_con-Tout_con_dw)-(deltaTpp))/log((Tin_con-
Tout_con_dw)/deltaTpp);                                 % 传热温差
        A_super_con=Qsuper_con/deltaT_super_con/alpha_super_con_tot;
                                                        % 过热段面积

        % 两相段
        Void_con=0.5;                                          % 无滑移假设
        Re_lo_con=(mflow/A_cross_con) * Dh/miu_l_con;          % 等效雷诺数
        alpha_lo=0.023 * Re_lo_con^0.8 * Pr_l_con^0.4 * lamd_l_con/Dh;
                                                        % 等效传热系数
        alpha_tp_con=alpha_lo * ((1-Void_con)^0.8+(3.8 * Void_con^0.76 *
(1-Void_con)^0.04)/(Pcon/Pcr)^0.38);                    % 工质侧传热系数
        alpha_tp_con_tot=1/(1/alpha_water_dw+1/alpha_tp_con+delta/lambda);
                                                        % 总传热系数
        deltaT_tp_con=(deltaTpp-(Tcon-Tcw))/(log(deltaTpp/(Tcon-Tcw)));
                                                        % 传热温差
        A_tp_con=Qtp_con/deltaT_tp_con/alpha_tp_con_tot;  % 两相段面积
        Atot_con=A_super_con+A_tp_con;                    % 冷凝器总换热面积
    end

    % % 输出参数计算
    W_net=W_turbine-W_pump;                      % 净输出功
    gamma=W_net/(Atot_eva+Atot_con)/1000;        % 单位换热面积对应的输出功率
    eta_net=(W_turbine-W_pump)/Qtot_eva;         % 净效率
    end
```

2.2.5　结果展示与分析

逐次改变 RC_FluidOptimization 函数的输入参数，便可以得到相同设计参数下的 RC 性能参数（净效率和单位换热面积对应输出功率），结果如图 2-6 所示。上述程序采用的热源温度为 31℃，冷源温度为 6℃。性能参数值越大，表明工质与此温度水平的热源匹配度越好，从图 2-6(a) 中可以看出初步筛选的十种工质的净效率分布在 2.5%～2.7% 之间，其中，干工质 R1234ze（E）对应的净效率最高，为 2.67%，其次是 R143a、R161 和 R717，它们均为湿工质且效率均为 2.66%。可以说明，在同一种冷热源环境下，以净效率作为评估标准时，备选工质均未表现出突出优势。但是，以单位换热面积对应的输出功率 γ 为评估标准时，R717 展现出显著优势，说明当 RC 装机容量一致时，以 R717 作为工质可以使用最少的换热面积，即初始投资最小。在面对实际工质选择中，除了上述参数，还需要综合考虑有机工质价格、系统工作压力水平、透平的加工难度等因素。

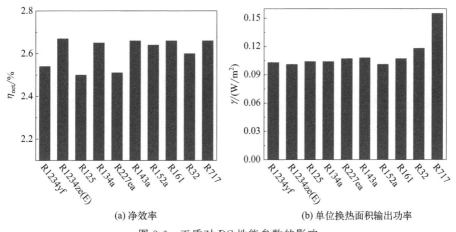

(a) 净效率　　　　　　　　　　　(b) 单位换热面积输出功率

图 2-6　工质对 RC 性能参数的影响

2.3　Kalina 循环模拟

2.3.1　引言

由前文可知，RC 使用纯工质，而纯工质的恒温相变过程导致工质温度曲线和冷/热源温度曲线之间的温差不均匀，见图 2-1(b)，造成工质在蒸发和冷凝过程中存在较大的不可逆损失。而非共沸混合物的非等温相变过程可以使工质在蒸发/冷凝过程中更好地匹配热/冷源的温度变化。因此，为了进一步提高热力系统性能，非共沸混合物成为了一种理论上优于纯工质的选项。Kalina 于 1983 年提出一种使用非共沸氨水混合物作为工质的热力循环——Kalina 循环[6]，该循环采用两级冷凝器，并在两个冷凝器之间增加中压蒸馏装置，以增加氨水浓度的自由度，从而有效调整不同位置的氨水浓度。

为了适应不同温度水平的能源利用环境，Kalina 循环型式也在不断地更新和拓展，已发展出众多型式，如适用于 $120 \sim 204 ℃$ 热源范围内的 KCS-11、适用于 $120 ℃$ 以下的 KCS-34、适用于直燃锅炉的 KCS-5 等[7]。本节以常用于低温热源热回收领域的 KCS-34 为基础，提出一种带过热的 Kalina 循环（见图 2-7）并阐明其工作原理。该循环系统包括蒸发器、气液分离器、过热器、透平、混合器、冷凝器、储液罐、回热器、减压阀和工质泵。假设储液罐中的工质始终处于热力学平衡态，内部储存足够量的氨水工质作为系统的基础溶液。基础氨水溶液经过工质泵加压后（1→2）经回热器（2→3）再进入蒸发器，在蒸发器内被热源加热后蒸发成为气液两相氨水溶液（3→4）；两相氨水溶液进入分离器被分离成氨浓度较高的蒸气（4→5）和浓度较低的贫氨溶液（4→10）；从分离器流出的饱和浓氨蒸气在过热器内被热水加热至过热（5→6），然后进入透平膨胀做功（6→7），将内能转换为机械能；随后完成做功的浓氨蒸气进入混合器；而分离器分离出的稀氨水溶液则先进入回热器被液态基础溶液冷却以实现一部分热量的回收（10→11），此后经减压阀调整到吸收压力后进入混合器（11→12）；从分离器分离的两路工质经过不同的流程之后在混合器内被再次混合（7→8、12→8）；最后，混合后的工质进入冷凝器，在冷水的作用下被冷凝成饱和液态甚至过冷状态，然后进入储液罐完成一次做功循环。

与 RC 系统相同，Kalina 循环的系统性能同样受到设计参数的影响。而且，Kalina 循环采用混合工质，系统更为复杂，自由度也较多。在设计阶段，除了考虑蒸发压力、冷凝压力、过热度之外，还需要考虑工质浓度、吸热量等参数。因此，本节将建立 Kalina 循环的热力学模型，并研究其设计参数对系统性能的影响，使读者掌握一般混合工质热力循环的求解流程。

2.3.2　物理模型

【例题 2-3】　如图 2-7 所示的 Kalina 循环，不考虑工质流动损失且假设工质泵和透平的等熵效率为常数 80%。尝试建立 Kalina 循环热力模型，并分析蒸发压力和工质浓度（氨的质量分数）对系统净效率的影响。

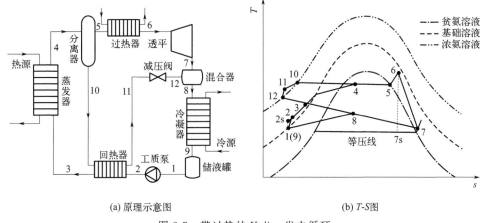

(a) 原理示意图   (b) T-S图

图 2-7　带过热的 Kalina 发电循环

2.3.3　数学模型

热力循环的数学模型具有很强的相似性，读者在学习此节的时候可以结合 RC 的数学模型，以达到融会贯通的目的。Kalina 循环的数学模型同样以能量守恒为基础，对于蒸发器、冷凝器、过热器和回热器而言，它们的能量守恒方程可以表示为

$$\begin{cases} Q_{eva} = \dot{m}_{wf}(h_4 - h_3) & \text{蒸发器} \\ Q_{sup} = \dot{m}_5(h_6 - h_5) & \text{过热器} \\ Q_{rep} = \dot{m}_{wf}(h_3 - h_2) = \dot{m}_{10}(h_{10} - h_{11}) & \text{回热器} \\ Q_{con} = \dot{m}_{wf}(h_9 - h_8) & \text{冷凝器} \end{cases} \tag{2-19}$$

式中，Q_{eva}、Q_{sup}、Q_{rep}、Q_{con} 分别表示蒸发器、过热器、回热器和冷凝器的换热量；$\dot{m}_{wf}$ 表示工质流量；h 表示比焓，数字下标与图 2-7 中的数字对应，下文中重复出现的数字下标仍是此含义。

假设工质泵的等熵效率为 $\eta_{p,is}$，则工质泵的功耗 W_p 可以表达为

$$W_p = \dot{m}_{wf}(h_2 - h_1) = \frac{\dot{m}_{wf}(h_{2s} - h_1)}{\eta_{p,is}} \tag{2-20}$$

假设透平的等熵效率是 $\eta_{t,is}$，则透平的输出功率 W_t 可以表示为

$$W_t = \dot{m}_{wf}(h_6 - h_7) = \dot{m}_{wf}(h_6 - h_{7s})\eta_{t,is} \tag{2-21}$$

进入分离器的流体被分成气相和液相两股流体，综合考虑质量守恒、能量守恒和组分守恒可以确定两股流体的流量和组分：

$$\begin{cases} \dot{m}_4 = \dot{m}_5 + \dot{m}_{10} \\ \dot{m}_4 h_4 = \dot{m}_5 h_5 + \dot{m}_{10} h_{10} \\ \dot{m}_4 x_4 = \dot{m}_5 x_5 + \dot{m}_{10} x_{10} \end{cases} \tag{2-22}$$

式中，x 表示氨的质量分数。

与分离器的功能相反，混合器的功能是将两股流体进行充分混合为一股流体。所以，混合器的热力模型可以表示为

$$\begin{cases} \dot{m}_8 = \dot{m}_7 + \dot{m}_{12} \\ \dot{m}_8 h_8 = \dot{m}_7 h_7 + \dot{m}_{12} h_{12} \\ \dot{m}_8 x_8 = \dot{m}_7 x_7 + \dot{m}_{12} x_{12} \end{cases} \tag{2-23}$$

不考虑工质通过减压阀的能量损失，可以认为工质经过减压阀的过程为绝热膨胀。所以，减压阀可以表示为

$$h_{11} = h_{12} \tag{2-24}$$

2.3.4 程序设计与运算

本节中 Kalina 循环热力模型求解由 MATLAB 2019 软件完成，其中涉及的工质物性参考美国国家标准与技术研究院（NIST）标准库，具体的求解流程如图 2-8 所示。如下文所述，MATLAB 求解程序包括主程序 solve 和子程序 Kalina，其中主程序 solve 用于输入参数并输出结果，子程序 Kalina 用于完成 Kalina 循环模型的求解。

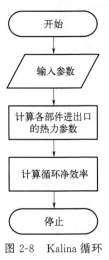

图 2-8 Kalina 循环热力模型求解流程图

（1）主程序 solve

```
% 输入参数
P_eva=950；                    % 蒸发压力 kPa
w=0.95；                       % 氨的质量分数 %
% 输出参数
eta_net=Kalina(P_eva,w)；      % Kalina 循环净效率 %
```

（2）子程序 Kalina

```
function eta_net=Kalina(P_eva,w)
% 此函数为 Kalina 循环的热力模型,用于求解设计参数和净效率之间的关系
% 输入参数:P_eva 为蒸发压力;w 为氨质量分数
% 输出参数:eta_net 为净效率

% 其他设计参数
P_con=620；                    % 冷凝压力 kPa
```

```matlab
T_sh=3;                                       % 过热度℃
T_eva_out=30;                                 % 蒸发器出口温度℃


%% 分离器
P4=P_eva;                                     % 分离器入口压力 kPa
T4=T_eva_out;                                 % ℃
h4=refpropm('h','T',T4+273.15,'P',P_eva,'ammonia','water',[w,1-w]);
                                              % 分离器入口比焓 J/kg
s4=refpropm('s','T',T4+273.15,'P',P_eva,'ammonia','water',[w,1-w]);
                                              % 分离器入口比熵 J/(kg·K)
[x,y]=refpropm('X','T',T4+273.15,'P',P_eva,'ammonia','water',[w,1-w]);
                                              % 平衡相中液相和气相的成分
m5=refpropm('Q','T',T4+273.15,'P',P_eva,'ammonia','water',[w,1-w]);
                                              % 分离器气相质量 kg
if m5<=0||m5>=1                               % 判定气液分离器出口是否有气体
    eta_th=0;
    eta_net=0;
    W_turbine=0;
    W_pump=1e10;
    W_net=W_turbine-W_pump;
    return;
end
T5=T4;                                        % 分离器出口气相温度℃
P5=P_eva;                                     % 分离器出口气相压力 kPa
h5=refpropm('h','T',T5+273.15,'P',P5,'ammonia','water',[y(1),1-y(1)]);
                                              % 分离器出口气相比焓
s5=refpropm('S','T',T5+273.15,'P',P5,'ammonia','water',[y(1),1-y(1)]);
                                              % 分离器出口气相比熵
m10=1-m5;                                     % 分离器液相质量
T10=T4;                                       % 分离器出口液相温度
P10=P_eva;                                    % 分离器出口液相压力
h10=refpropm('h','T',T10+273.15,'P',P10,'ammonia','water',[x(1),1-x(1)]);
                                              % 分离器出口液相焓
s10=refpropm('s','T',T10+273.15,'P',P10,'ammonia','water',[x(1),1-x(1)]);
                                              % 分离器出口液相熵


%% 过热器
T6  =T5+T_sh;                                 % 过热器出口温度
P6  =P_eva;                                   % 过热器出口压力
h6  =refpropm('h','T',T6+273.15,'P',P6,'ammonia','water',[y(1),1-y(1)]);
                                              % 过热器出口焓
```

```
s6  =refpropm('S','T',T6+273.15,'P',P6,'ammonia','water',[y(1),1-y(1)]);
                                        % 过热器出口熵


% % 透平
s7_s=s6;                                % 透平等熵膨胀过程
P7=P_con;                               % 透平出口压力
h7_s=refpropm('H','P',P7,'s',s7_s,'ammonia','water',[y(1),1-y(1)]);
                                        % 等熵过程透平出口比熵
eta_turbine=0.8;                        % 透平等熵效率
h7=h6-(h6-h7_s) * eta_turbine;          % 透平出口比焓
T7=refpropm('T','P',P7,'H',h7,'ammonia','water',[y(1),1-y(1)])-273.15;
                                        % 透平出口温度
s7=refpropm('S','P',P7,'H',h7,'ammonia','water',[y(1),1-y(1)]);
                                        % 透平出口比熵
q7=refpropm('Q','P',P7,'H',h7,'ammonia','water',[y(1),1-y(1)]);
                                        % 透平出口干度


% % 储液罐
T1=refpropm('T','P',P_con,'Q',0,'ammonia','water',[w,1-w])-273.15;
                                        % 储液罐出口温度
P1=refpropm('P','T',T1+273.15,'Q',0,'ammonia','water',[w,1-w]);
                                        % 储液罐出口压力
h1=refpropm('h','T',T1+273.15,'Q',0,'ammonia','water',[w,1-w]);
                                        % 储液罐出口比焓
s1=refpropm('S','T',T1+273.15,'Q',0,'ammonia','water',[w,1-w]);
                                        % 储液罐出口比熵


% % 工质泵
P2=P_eva;                               % 工质泵出口压力
s2_s=s1;                                % 等熵过程
h2_s=refpropm('h','P',P2,'s',s2_s,'ammonia','water',[w,1-w]);
                                        % 等熵膨胀时透平出口比焓
eta_pump=0.7;                           % 泵等熵效率
h2=(h2_s-h1)/eta_pump+h1;               % 泵出口焓
s2=refpropm('S','P',P2,'h',h2,'ammonia','water',[w,1-w]);
                                        % 泵出口温度
T2=refpropm('T','P',P2,'h',h2,'ammonia','water',[w,1-w])-273.15;
                                        % 泵出口温度
```

```matlab
%% 回热器
deltaT＝2；                                        % 假设回热器传热端差
T11＝T2＋deltaT；                                   % 回热器贫氨出口温度
P11＝P_eva；                                        % 回热器贫氨出口压力
h11＝refpropm('h','T',T11＋273.15,'P',P11,'ammonia','water',[x(1),1-x(1)])；
                                                   % 回热器贫氨出口焓
s11＝refpropm('s','T',T11＋273.15,'P',P11,'ammonia','water',[x(1),1-x(1)])；
                                                   % 回热器贫氨出口熵
Q_recuperator＝m10 * (h10-h11)；                    % 回热器换热量
h3＝h2＋Q_recuperator/1；                           % 回热器浓氨出口焓
P3＝P_eva；                                         % 回热器浓氨出口压力
T3＝refpropm('T','P',P3,'h',h3,'ammonia','water',[w,1-w])-273.15；
                                                   % 回热器浓氨出口温度
s3＝refpropm('S','P',P3,'h',h3,'ammonia','water',[w,1-w])；  % 回热器浓氨出口比熵

%% 节流阀
h12＝h11；                                          % 节流阀出口比焓
P12＝P_con；                                        % 节流阀出口压力
T12＝refpropm('T','P',P12,'H',h12,'ammonia','water',[x(1),1-x(1)])-273.15；
                                                   % 节流阀出口温度
s12＝refpropm('S','P',P12,'H',h12,'ammonia','water',[x(1),1-x(1)])；
                                                   % 节流阀出口比熵

%% 冷凝器
P8＝P_con；                                         % 冷凝器入口压力
h8＝m5 * h7＋m10 * h11；
T8＝refpropm('T','P',P8,'H',h8,'ammonia','water',[w,1-w])-273.15；
                                                   % 冷凝器入口温度
s8＝refpropm('S','P',P8,'H',h8,'ammonia','water',[w,1-w])；
                                                   % 冷凝器入口比熵
q8＝refpropm('Q','P',P8,'H',h8,'ammonia','water',[w,1-w])；
                                                   % 冷凝器入口干度

%% 热力学评价指标
W_turbine＝m5 * (h6-h7)；
W_pump＝h2-h1；                                     % 泵功耗
W_net＝W_turbine-W_pump；                           % 净输出功率
Q_superheater＝m5 * (h6-h5)；
Q_evaporator＝h4-h3；
eta_net＝W_net/(Q_evaporator＋Q_superheater)；       % 系统净效率
end
```

2.3.5 结果展示与分析

逐次改变蒸发压力和氨质量分数的设定值，可以得到不同蒸发压力下，Kalina循环净效率随氨质量分数的变化曲线（见图2-9）。从图中可以看出，在蒸发压力相同的情况下，工质中氨质量分数的增加可以提高系统的净效率，但是净效率的改善程度逐渐减小。这也说明通过配置适宜的工质浓度来改善系统性能是可行的，但是单纯依靠工质浓度对系统性能的改善是有限的。此外，图2-9表明蒸发压力的升高可以提高系统净效率，所以在工程应用环境下，应尽量设计较高的蒸发压力。

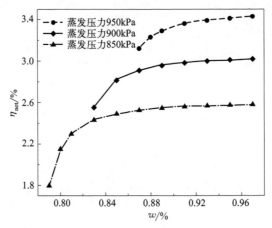

图2-9　不同蒸发压力下 Kalina 循环净效率随氨质量分数的变化曲线

参考文献

［1］ Macchi E, Astolfi M. Organic Rankine cycle ［M］. Amsterdam：Elsevier, 2017.

［2］ 刘广林，徐进良，苗政. 地热有机朗肯循环系统混合工质优化 ［J］. 工程热物理学报，2015，36 （12）：2716-2720.

［3］ Muley A, Manglik R M. Experimental Study of Turbulent Flow Heat Transfer and Pressure Drop in a Plate Heat Exchangerwith Chevron Plates ［J］. Journal of Heat Transfer, 1999, 121 （1）：110-117.

［4］ Amalfi R L, Vakili-Farahani F, Thome J R. Flow boiling and frictional pressure gradients in plate heat exchangers. Part 2：Comparison of literature methods to database and new prediction methods ［J］. International Journal of Refrigeration, 2016, 61：185-203.

［5］ Shah M M. A general correlation for heat transfer during film condensation inside pipes ［J］. International Journal of Heat and Mass Transfer, 1979, 22 （4）：547-556.

［6］ Kalina A I. Combined-cycle system with novel bottoming cycle ［J］. Journal of Engineering for Gas Turbines and Power, 1984, 106 （4）：737-742.

［7］ Zhang X, He M, Zhang Y. A review of research on the Kalina cycle ［J］. Renewable and Sustainable Energy Reviews, 2012, 16 （7）：5309-5318.

第3章

流动模拟

3.1 顶盖驱动流模拟

3.1.1 引言

　　顶盖驱动流（lid driven flow）是计算流体力学和计算传热学中的一个经典问题。顶盖驱动流可以反映出不同雷诺数条件下的流场特性，是研究复杂流场的理想物理模型之一，常用于验证不可压缩流动数值模拟方法的准确性及其计算效率的校核算例。

3.1.2 物理模型

　　【例题 3-1】　　如图 3-1 所示，一个正方形的二维空腔中充满等密度的空气，方腔每条边长 $L=0.1\text{m}$，顶盖以 $U=0.1\text{m/s}$ 的恒定速度水平向右移动，同时带动方腔内空气流动，其他三个边界则保持静止不动。顶盖驱动流的基本特征是：流动稳定后，方腔的中央有一个一级大涡，而在左下角和右下角会分别产生一个二级涡，当雷诺数 Re 超过一临界值后，在方腔的左上角还会出现一个涡，这些涡的中心位置是 Re 的函数。Re 定义为 $Re=LU/\nu$，式中，L 是方腔的高度（宽度），U 是顶盖的移动速度，ν 是空气的运动黏度。

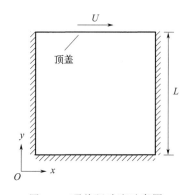

图 3-1　顶盖驱动流示意图

3.1.3 数学模型

从宏观角度来看，图 3-1 所示的二维顶盖驱动流可由质量守恒和动量守恒方程来进行描述，具体表达为

$$\frac{\partial \rho}{\partial t} + \nabla \cdot (\rho \boldsymbol{u}) = 0 \tag{3-1}$$

$$\frac{\partial (\rho \boldsymbol{u})}{\partial t} + \nabla \cdot (\rho \boldsymbol{uu}) = -\nabla p + \nabla \cdot \left[\rho \nu \left(\nabla \boldsymbol{u} + (\nabla \boldsymbol{u})^{\mathrm{T}} \right) \right] \tag{3-2}$$

求解上述速度 $\boldsymbol{u}$、压力 p 相互耦合方程组的常用数值方法包括 SIMPLE 算法（semi-implicit method for pressure linked equations）、PISO 算法（pressure-implicit with splitting of operators）等，这些方法通常从流体流动控制方程出发，通过求解由控制方程离散获得的代数方程组来获得不同时空位置上的流体宏观量（如速度 $\boldsymbol{u}$、压力 p 等）。

本节将介绍一类与上述宏观方法建模思路完全不同的介观数值方法——格子玻尔兹曼方法（lattice Boltzmann method，LBM）。该方法发展自气体动理论[1]，其不再关注宏观尺度控制流体演化的质量和动量守恒方程，而是关注介观层面控制流体运动行为的粒子速度分布函数 f_i 的演化，这一演化方程表达为

$$f_i(\boldsymbol{x} + \boldsymbol{e}_i \delta_t, t + \delta_t) - f_i(\boldsymbol{x}, t) = -\frac{1}{\tau} \left[f_i(\boldsymbol{x}, t) - f_i^{\mathrm{eq}}(\boldsymbol{x}, t) \right] \tag{3-3}$$

其通常又可被拆解成"碰撞"和"迁移"两步，即

$$f_i^*(\boldsymbol{x}, t) - f_i(x, t) = -\frac{1}{\tau} \left[f_i(\boldsymbol{x}, t) - f_i^{\mathrm{eq}}(\boldsymbol{x}, t) \right] \tag{3-4a}$$

$$f_i(\boldsymbol{x} + \boldsymbol{e}_i \delta_t, t + \delta_t) = f_i^*(\boldsymbol{x}, t) \tag{3-4b}$$

上面两步可直观理解为：粒子在位置 $\boldsymbol{x}$ 处完成碰撞过程，并在 δ_t 时间内以速度 $\boldsymbol{e}_i$ 迁移至相邻格点 $\boldsymbol{x} + \boldsymbol{e}_i \delta_t$ 处。该碰撞行为仅需当前节点信息即可完成局部计算，因此，格子 Boltzmann 方法具有天然的并行特性。这里的 $\boldsymbol{e}_i$ 是速度空间离散速度，又称格子，以二维计算为例，速度 $\boldsymbol{e}_i$ 通常取为

$$\boldsymbol{e}_i = \begin{bmatrix} 0 & 1 & 0 & -1 & 0 & 1 & -1 & -1 & 1 \\ 0 & 0 & 1 & 0 & -1 & 1 & 1 & -1 & -1 \end{bmatrix}^{\mathrm{T}} \tag{3-5}$$

所对应的二维离散速度模型 D2Q9（2 代表二维，9 代表九个离散速度方向）如图 3-2 所示。

式（3-3）和式（3-4a）中的 f_i^{eq} 为平衡态分布函数，表达为

$$f_i^{eq} = \rho\omega_i\left[1 + \frac{\boldsymbol{e}_i \cdot \boldsymbol{u}}{c_s^2} + \frac{\boldsymbol{uu} : (\boldsymbol{e}_i\boldsymbol{e}_i - c_s^2\boldsymbol{I})}{2c_s^4}\right] \quad (3\text{-}6)$$

式中，$\boldsymbol{I}$ 为单位张量；$c_s = c/\sqrt{3}$，为格子声速（c 为格子速度，且一般取 $c=1$）；ω_i 为权系数；ρ 为密度。对于 D2Q9 模型，$\omega_0 = 4/9$，$\omega_{1-4} = 1/9$，$\omega_{5-8} = 1/36$。τ 为松弛时间，与流体黏度直接相关：

$$\nu = c_s^2\left(\tau - \frac{1}{2}\right)\delta_t \quad (3\text{-}7)$$

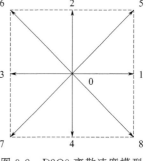

图 3-2　D2Q9 离散速度模型

在格子 Boltzmann 方法中，分布函数每完成一次迁移就可以更新当地位置的流体宏观量，即

$$\rho = \sum_i f_i, \rho\boldsymbol{u} = \sum_i \boldsymbol{e}_i f_i, p = \rho c_s^2 \quad (3\text{-}8)$$

需要说明的是，格子 Boltzmann 方法的人工可压缩特性[2] 决定了该方法在求解不可压缩流体流动问题也会获取密度 ρ 的演化，但此时密度 ρ 的变化非常小，可近似认为不可压缩。

事实上，基于 Chapman-Enskog 展开可以由上述 LBM 演化方程（3-3）恢复得到宏观控制方程（3-1）和方程（3-2）[3]，也就是说数值求解速度分布函数演化方程（3-3）就是数值求解了宏观控制方程（3-1）和方程（3-2）。

本案例将选取反弹格式处理无滑移静止和运动边界条件，具体实施方法和步骤可查阅格子 Boltzmann 方法相关专著[3,4]。本案例选取流场初始密度 $\rho = 1.0$，顶盖驱动速度 $U = 0.0256$，网格为 256×256，流体黏度 ν 由 Re 定义得到，本案例共计算 Re 为 100、400、1600、4000 四种工况。

3.1.4　程序设计与运算

本节基于格子 Boltzmann 方法的顶盖驱动流问题求解由 Microsoft Visual Studio 2019 Community 软件完成，计算流程如图 3-3 所示。如下文所述，程序由主函数 main()函数和子函数 init()、collision()、streaming()、macroscopy()等组成，其中主函数用于按时间步推进演化方程，子函数 init()用于初始化流程，子函数 collision()、streaming()和 macroscopy()分别完成格子 Boltzmann 方法中的碰撞、迁移和计算宏观量的步骤。

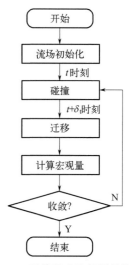

图 3-3　顶盖驱动流问题的格子 Boltzmann 方法求解步骤

程序示例：

```cpp
#include <iostream>
#include <cmath>
#include <cstdlib>
#include <iomanip>
#include <fstream>
#include <sstream>
#include <string>
using namespace std;
const int Q=9;                              // D2Q9
const int NX=256;                           // x 方向网格数
const int NY=256;                           // y 方向网格数
const double U=0.0256;                      // 顶盖驱动速度
int e[Q][2]={{0,0},{1,0},{0,1},{-1,0},{0,-1},{1,1},{-1,1},{-1,-1},{1,-1}};
double w[Q]={4.0/9,1.0/9,1.0/9,1.0/9,1.0/9,1.0/36,1.0/36,1.0/36,1.0/36};
int opp[Q]={0,3,4,1,2,7,8,5,6};
int solid[NX+1][NY+1];                      // 固体位置
double rho[NX+1][NY+1];                     // 密度
double u[NX+1][NY+1][2];                    // 速度
double u0[NX+1][NY+1][2];
double f[NX+1][NY+1][Q];                    // 速度分布函数
double f_temp[NX+1][NY+1][Q];               // 碰撞后的速度分布函数
double F[NX+1][NY+1][Q];                    // 迁移后的速度分布函数
int i,j,k,ip,jp,n;
double c,dx,dy,Lx,Ly,dt,rho0,P0,tau_f,niu,error;
void init();                                // 初始化子函数
double feq(int k,double rho,double u[2]);   // 平衡态分布函数计算子函数
void collision();                           // 碰撞步子函数
void streaming();                           // 迁移步子函数
void macroscopy();                          // 宏观量计算子函数
void output(int m);                         // 数据输出子函数
void Error();                               // 误差计算子函数
int main()                                  //主函数
{
    init();
    for(n=0;n<=80000;n++)                   //时间演化
    {
        if(n%5000==0)                       //每5000时间步输出数据
        {
            output(n);
        }
```

```cpp
        collision();
        streaming();
        macroscopy();
        if(n%100==0)
        {
            Error();
            cout<<" Ammonia " The "<<n<<" th computation sult:"<<endl
                <<" The u,v of point(NX/2,NY/2) is:"<<setpcision(6)
                <<u[NX/2][NY/2][0]<<","<<u[NX/2][NY/2][1]<<endl;
            cout<<" The max lative error of uv is:"
                <<setiosflags(ios::scientific)<<error<<endl;
        if(n > 0 && error<1.0e-6)
        {
            break;
        }
        }
    }
    return 0;
}
//计算参数初始化
void init()
{
    dx=1.0;
    dy=1.0;
    Lx=dx * double(NX);
    Ly=dy * double(NY);
    dt=dx;
    c=dx/dt;                        // 1.0
    rho0=1.0;
    Re=100;
    niu=U * Lx/Re;                  // 初始化流体黏度
    tau_f=3.0 * niu+0.5;            // 初始化松弛时间
    cout<<" tau_f="<<tau_f<<endl;
    for(i=0;i<=NX;i++)
    {
        for(j=0;j<=NY;j++)
        {
            if(i==0 || i==NX || j==0 || j==NY)
    {
    solid[i][j]=1;                  // 初始化固体边界位置
    }
```

```
                u[i][j][0]=0;                                    // 初始化速度场,x方向
                u[i][j][1]=0;                                    // 初始化速度场,y方向
                rho[i][j]=rho0;                                  // 初始化密度场
                u[i][NY][0]=U;初始化顶盖驱动速度
                for(k=0;k<Q;k++)
                {
                    f[i][j][k]=feq(k,rho[i][j],u[i][j]);
                                                    // 以平衡态初始化速度分布函数
                }
            }
        }
}
// 计算平衡态分布函数
double feq(int k,double rho,double u[2])
{
    double eu,uv;
    eu=e[k][0]*u[0]+e[k][1]*u[1];
    uv=u[0]*u[0]+u[1]*u[1];
    return w[k]*rho*(1.0+3.0*eu+4.5*eu*eu-1.5*uv);
}
// 碰撞
void collision()
{
    for(int i=0;i<=NX;i++)
    {
        for(int j=0;j<=NY;j++)
        {
            if(solid[i][j]==0)
            {
            for(int k=0;k<Q;k++)
            {
            f_temp[i][j][k]=f[i][j][k]+(feq(k,rho[i][j],u[i][j])-f[i][j][k])/tau_f;
            }
            }
        }
    }
}
// 迁移
void streaming()
{
    for(int i=0;i<=NX;i++)
```

```
        {
            for(int j=0;j<=NY;j++)
            {
                if(solid[i][j]==0)
            {
            double temp=0;
            for(int k=0;k<Q;k++)
            {
                int ip=i-e[k][0];
                int jp=j-e[k][1];
                F[i][j][k]=f_temp[ip][jp][k];
                if(solid[ip][jp]==1)
                {
                    F[i][j][k]=f_temp[i][j][opp[k]];        // 半壁反弹边界处理
                    if(jp==NY)
                    {
                    F[i][j][k]=f_temp[i][j][opp[k]]+6.0*w[k]*rho[i][j]*e[k][0]*U;
                                                 // 含移动边界半壁反弹格式
                    }
                }
            }
            }
            }
        }
}
// 计算宏观量
void macroscopy()
{
        for(int i=0;i<=NX;i++)
        {
            for(int j=0;j<=NY;j++)
            {
                if(solid[i][j]==0)
            {
            u0[i][j][0]=u[i][j][0];
            u0[i][j][1]=u[i][j][1];
            rho[i][j]=0;
            u[i][j][0]=0;
            u[i][j][1]=0;
            for(int k=0;k<Q;k++)
            {
```

```
                        f[i][j][k]=F[i][j][k];
                        rho[i][j]+=f[i][j][k];
                        u[i][j][0]+=e[k][0]*f[i][j][k];
                        u[i][j][1]+=e[k][1]*f[i][j][k];
                    }
                    u[i][j][0]/=rho[i][j];
                    u[i][j][1]/=rho[i][j];
                }
            }
    }
//输出数据
void output(int m)
{
    ostringstam name;
    name<<" cavity_"<<setfill('0')<<setw(6)<<m<<". dat';
    ofstam out(name. str(). c_str());
    out<<"Title=\" LBM Lid Driven Flow\"\n "
        <<" VARIABLES=\" X\",\" Y\",\" U\",\" V\"\" rho\"\n "<<" ZONE T=\"
BOX\",I="
        <<NX+1<<",J="<<NY+1<<",F=POINT "<<endl;
    for(j=0;j<=NY;j++)
    {
        for(i=0;i<=NX;i++)
        {
            out <<double(i)/Lx<<" "
                <<double(j)/Ly<<" "
                <<u[i][j][0]<<" "
                <<u[i][j][1]<<" "
                <<rho[i][j]<<endl;
        }
    }
}
void Error()
{
    double temp1=0. 0;
    double temp2=0. 0;

    for(i=1;i<NX;i++)
    {
        for(j=1;j<NY;j++)
        {
```

```
            temp1+=((u[i][j][0]-u0[i][j][0])*(u[i][j][0]-u0[i][j][0])+
                    (u[i][j][1]-u0[i][j][1])*(u[i][j][1]-u0[i][j][1]));


            temp2+=(u[i][j][0]*u[i][j][0]+u[i][j][1]*u[i][j][1]);
        }
    }
    temp1=sqrt(temp1);
    temp2=sqrt(temp2);
    error=temp1/(temp2+1e-30);
}
```

3.1.5　结果展示与分析

如上所述，Re 是影响顶盖驱动流流动行为的关键因素，图 3-4 给出不同 Re 下顶盖驱动流的流线，从图中可以看出，当 Re 较小时（如 $Re=100$、$Re=400$）方腔中只存在三个涡：一个位于方腔中央的一级涡和一对位于左下角和右下角附近的二级涡，且 Re 越大，两个二级涡的尺寸也越大。随着 Re 的提高，腔内左上角逐渐出现第三个二级涡，甚至在右下角出现一个三级涡，如图 3-4(d) 所示。

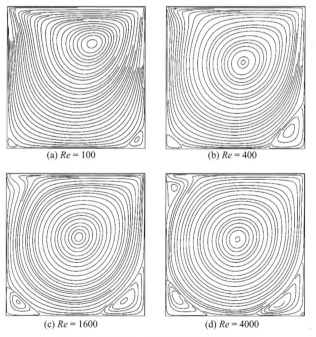

(a) $Re=100$　　　　　　　　(b) $Re=400$

(c) $Re=1600$　　　　　　　　(d) $Re=4000$

图 3-4　不同 Re 下顶盖驱动流的流线

此外，本小节还将 $Re=100$ 工况下方腔 $x=L/2$ 和 $y=L/2$ 两条轴线上速度分布的数值解与基于有限体积法（finite volume method，FVM）获得的结果[5] 进行了定量对比，如图 3-5 所示，图中 u 和 v 分别代表 x 方向和 y 方向的速度分量，可以看到基于格子 Boltzmann 方法获得的数值解与前人的结果吻合良好，反映了该方法在模拟流体流动问题方面的可行性和准确性。

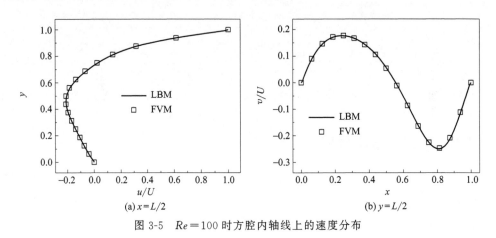

(a) $x=L/2$ (b) $y=L/2$

图 3-5　$Re=100$ 时方腔内轴线上的速度分布

3.2　泊肃叶流模拟

3.2.1　引言

泊肃叶流（Poiseuille flow）通常是指无限长直圆管内的层流流动，其最初用于描述血管中的血液流动，是生物力学、流体力学等领域中的经典问题，与之关联的泊肃叶定律则是支配圆管中黏性流体流动的基本规律之一。由于泊肃叶流应用很广并且有理论解析解，如今其已成为计算流体力学中一个经典算例，经常被用来测试和验证算法等。

3.2.2　物理模型

【例题 3-2】　如图 3-6 所示，二维平面泊肃叶流为两固定平板间的不可压缩定常流动：在长为 L、间距为 H 的两平板间充满了运动黏度为 ν 的流体，流体在两平板间受到指向 x 轴正方向的力 F 的作用，其大小为 F。当流动达到稳态时，流场中速度 u 呈抛物线分布，最大速度出现在 $y=H/2$ 处。

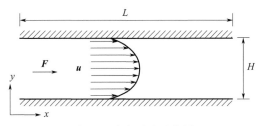

图 3-6　泊肃叶流示意图

3.2.3　数学模型

二维泊肃叶流的控制方程同样为质量守恒方程（3-1）和动量守恒方程（3-2），本节仍采用格子 Boltzmann 方法模拟外力场作用下的泊肃叶流，由于流体受额外的作用力，速度分布函数演化过程的碰撞步修正为

$$f_i^*(\boldsymbol{x},t)=-\frac{1}{\tau}\left[f_i(\boldsymbol{x},t)-f_i^{\mathrm{eq}}(\boldsymbol{x},t)\right]+\frac{\omega_i\boldsymbol{e}_i F}{c_{\mathrm{s}}^2} \tag{3-9}$$

其余的迁移和计算宏观量等步骤仍如 3.1 节所述。计算区域如图 3-6 所示，划分 201×41 的均匀网格。上下边界为静止壁面，计算中采用非平衡外推格式处理该边界条件；计算区域的左右边界分别为流体的进出口，并采用周期性边界条件处理格式，以保证泊肃叶流的充分发展。模拟时，选取外力 $F=0.001\mathrm{N}$，初始化密度 $\rho=1.0\mathrm{kg/m^3}$，无量纲松弛时间 $\tau=1.0$（则相应地，流体运动黏度 $\nu=1/6\mathrm{m^2/s}$）。

3.2.4　程序设计与运算

本节基于格子 Boltzmann 方法的泊肃叶流问题求解由 Microsoft Visual Studio 2019 Community 软件完成，程序所包含的主函数、子函数及其计算的流程均与 3.1 节类似，这里将不再赘述。

程序示例：

```cpp
//Poiseuille Flow
# include <iostream>
# include <cmath>
# include <cstdlib>
# include <iomanip>
# include <fstream>
# include <sstream>
# include <string>
using namespace std;
const int Q=9;        // D2Q9
```

```cpp
    const int NX=200;                          // x方向网格数
    const int NY=40;                           // y方向网格数
    const double Force=0.001;外力
    int e[Q][2]={ { 0,0 },{ 1,0 },{ 0,1 },{ -1,0 },{ 0,-1 },{ 1,1 },{ -1,1 },{ -1,-1 },
{ 1,-1 } };
    double w[Q]={ 4.0/9,1.0/9,1.0/9,1.0/9,1.0/9,1.0/36,1.0/36,1.0/36,1.0/36 };
    double rho[NX+1][NY+1];
    double u[NX+1][NY+1][2];
    double u0[NX+1][NY+1][2];
    double f[NX+1][NY+1][Q];
    double F[NX+1][NY+1][Q];                    // 迁移后的速度分布函数
    int i,j,k,ip,jp,n;
    double c,Re,dx,dy,Lx,Ly,dt,rho0,tau_f,niu,error;
    void init();                                // 参数初始化子程序
    double feq(int k,double rho,double u[2]);   // 平衡态分布函数子程序
    void evolution();                           // 演化方程子程序
    void output(int m);
    void Error();

    int main()                                  // 主程序
    {
        init();
        for(n=0;;n++)
        {
            evolution();
            if(n %100==0)
            {
                Error();
                cout <<"The "<<n<<"th computation sult:"<<endl
                    <<"The u,v of point(NX/2,NY/2) is:"<<setpcision(6)
                    <<u[NX/2][NY/2][0]<<","<<u[NX/2][NY/2][1]<<endl;
        cout <<"The max lative error of uv is:"
        <<setiosflags(ios::scientific)<<error<<endl;
                if(n %100==0)
                {
                    output(n);
                }
                if(error<1.0e-6)
                {
                    break;
                }
            }
```

```
    }
    return 0;
}

void init()
{
    dx=1.0;
    dy=1.0;
    Lx=dx * double(NX);
    Ly=dy * double(NY);
    dt=dx;
    c=dx/dt;                           // 1.0
    rho0=1.0;
    Re=100;
    niu=0.25;
    tau_f=1;
    cout<<"tau_f="<<tau_f<<endl;

    for(i=0;i<=NX;i++)
    {
        for(j=0;j<=NY;j++)
        {
            u[i][j][0]=0;
            u[i][j][1]=0;
            rho[i][j]=rho0;

            for(k=0;k<Q;k++)
            {
                f[i][j][k]=feq(k,rho[i][j],u[i][j]);
            }
        }
    }
}
// 计算平衡态分布函数
double feq(int k,double rho,double u[2])
{
    double eu,uv;
    eu=e[k][0] * u[0]+e[k][1] * u[1];
    uv=u[0] * u[0]+u[1] * u[1];
    return w[k] * rho * (1.0+3.0 * eu+4.5 * eu * eu-1.5 * uv);
}
```

```
void evolution()
{
    // 演化
    for(i=0;i<=NX;i++)
    {
        for(j=1;j<NY;j++)
        {
            for(k=0;k<Q;k++)
            {
                ip=i-e[k][0];
                jp=j-e[k][1];
                F[i][j][k]=f[ip][jp][k]+(feq(k,rho[ip][jp],u[ip][jp])-
f[ip][jp][k])/tau_f+3.0*w[k]*Force*e[k][0];                // 演化后的分布函数
            }
        }
    }
    // 计算宏观量
    for(i=1;i<NX;i++)
    {
        for(j=1;j<NY;j++)
        {
            u0[i][j][0]=u[i][j][0];
            u0[i][j][1]=u[i][j][1];
            rho[i][j]=0;
            u[i][j][0]=0;
            u[i][j][1]=0;
            for(k=0;k<Q;k++)
            {
                f[i][j][k]=F[i][j][k];
                rho[i][j]+=f[i][j][k];
                u[i][j][0]+=e[k][0]*f[i][j][k];
                u[i][j][1]+=e[k][1]*f[i][j][k];
            }
            u[i][j][0]/=rho[i][j];
            u[i][j][1]/=rho[i][j];
        }
    }


    // 边界处理
    for(j=1;j<NY;j++)// 左右边界                           // 周期性边界处理
    {
```

```
//出口,即右边界
rho[NX][j]=0;
u[NX][j][0]=0;
u[NX][j][1]=0;
for(k=0;k<Q;k++)
{
    f[0][j][k]=F[0][j][k];
    f[NX][j][k]=F[NX][j][k];
    if(k==3 ‖ k==6 ‖ k==7)
    {
        f[NX][j][k]=f[1][j][k];
    }
    rho[NX][j]+=f[NX][j][k];
    u[NX][j][0]+=e[k][0]*f[NX][j][k];
    u[NX][j][1]+=e[k][1]*f[NX][j][k];
}
u[NX][j][0]/=rho[NX][j];
u[NX][j][1]/=rho[NX][j];

//入口,即左边界
rho[0][j]=0;
u[0][j][0]=0;
u[0][j][1]=0;
for(k=0;k<Q;k++)
{
    f[0][j][k]=F[0][j][k];
    f[NX][j][k]=F[NX-1][j][k];
    if(k==1 ‖ k==5 ‖ k==8)
    {
        f[0][j][k]=f[NX][j][k];
    }
    rho[0][j]+=f[0][j][k];
    u[0][j][0]+=e[k][0]*f[0][j][k];
    u[0][j][1]+=e[k][1]*f[0][j][k];
}
u[0][j][0]/=rho[0][j];
u[0][j][1]/=rho[0][j];
}

for(i=0;i<=NX;i++)// 上下边界
{
```

```
            for(k=0;k<Q;k++)
            {
                rho[i][0]=rho[i][1];
                f[i][0][k]=feq(k,rho[i][0],u[i][0])+f[i][1][k]-feq(k,rho[i][1],
u[i][1]);
                rho[i][NY]=rho[i][NY-1];
                f[i][NY][k]=feq(k,rho[i][NY],u[i][NY])+f[i][NY-1][k]-feq(k,
rho[i][NY-1],u[i][NY-1]);
            }
        }
    }


    void output(int m)
    {
        ostringstam name;
        name<<"Poiseuille_"<<setfill('0')<<setw(4)<<m<<". dat";
        ofstam out(name. str(). c_str());
        out <<"Title=\" LBM Lid Driven Flow\"\n "
            <<"VARIABLES=\" X\",\" Y\",\" U\",\" V\",\" rho\",\n "<<" ZONE T=
            \" BOX\",I="
            <<NX+1<<",J="<<NY+1<<",F=POINT "<<endl;
        for(j=0;j <=NY;j++)
        {
            for(i=0;i <=NX;i++)
            {
                out <<double(i)<<" "
                    <<double(j)<<" "
                    <<u[i][j][0]<<" "
                    <<u[i][j][1]<<" "
                    <<rho[i][j]<<endl;
            }
        }
    }


    void Error()
    {
        double temp1=0. 0;
        double temp2=0. 0;
        for(i=1;i<NX;i++)
        {
            for(j=1;j<NY;j++)
```

```
            {
                temp1+=((u[i][j][0]-u0[i][j][0]) * (u[i][j][0]-u0[i][j][0])+
(u[i][j][1]-u0[i][j][1]) * (u[i][j][1]-u0[i][j][1]));
                temp2+=(u[i][j][0] * u[i][j][0]+u[i][j][1] * u[i][j][1]);
            }
        }
        temp1=sqrt(temp1);
        temp2=sqrt(temp2);
        error=temp1/(temp2+1e-30);
    }
```

3.2.5 结果展示与分析

如上所述，外力作用下的二维泊肃叶流在达到稳态后，流场中速度 u 呈抛物线分布，即

$$u=\frac{F}{2\mu}y(H-y) \tag{3-10}$$

且 $y=H/2$ 处的最大流速为

$$u_{\max}=\frac{F}{8\mu}H^2 \tag{3-11}$$

式中，$\mu=\rho\nu$ 为流体动力黏度。图 3-7 给出了计算达到稳态后的管内流体速度分布数值解与理论解的对比，由图中可以看出，数值解与理论解吻合良好。

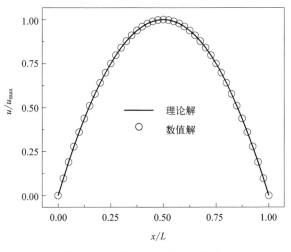

图 3-7 二维泊肃叶流速度分布

3.3 卡门涡街流模拟

3.3.1 引言

卡门涡街流是指一定条件下的定常流绕过某些物体时，在物体下游的两侧出现方向相反、排列规则的双列线涡的流动行为，这两排漩涡相互交错且周期性排列，如街道两边的街灯一般，故名涡街。卡门涡街是流体力学中的经典现象，在实际生产生活中也十分常见，例如流体流经桥墩、烟囱、架空电缆、换热器中的管束等时，都可能出现。

3.3.2 物理模型

【例题 3-3】 如图 3-8 所示，一长度为 L 的管道正中间放置有一个半径为 R 的圆柱，管道中的来流流经该圆柱时，一旦流体流动 Re 数超过一定临界值，圆柱下游将出现周期性的对称漩涡，即为卡门涡街。这里 Re 数定义为 $Re = 2u_{max}R/\nu$，其中 u_{max} 为来流流速，ν 为管内流体运动黏度。

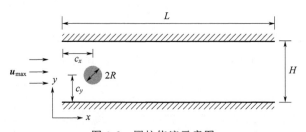

图 3-8 圆柱绕流示意图

3.3.3 数学模型

卡门涡街流的控制方程同样为质量守恒方程（3-1）和动量守恒方程（3-2），本节仍采用格子 Boltzmann 方法求解这两个方程，计算区域如图 3-8 所示，划分 401×81 的均匀网格，圆柱半径 $R = 10$，圆柱的圆心坐标为（80，40）。上下边界为静止壁面，采用非平衡外推格式处理这一边界条件；左侧为 $u_{max} = 0.1$ 的恒定流速进口边界，并采用非平衡外推边界条件处理；右侧出口则为充分发展边界。模拟时，初始化密度 $\rho = 1.0 \text{kg/m}^3$，选取 Re 为 25、50、100、200 四种典型工况进行模拟，无量纲松弛时间由对应的流体黏度计算获得。

3.3.4 程序设计与运算

本节基于格子 Boltzmann 方法的卡门涡街流问题求解由 Microsoft Visual Studio 2019 Community 软件完成，程序所包含的主函数、子函数及其计算的流程均与 3.1 节类似，这里将不再赘述。

程序示例：

```cpp
#include <iostam>
#include <cmath>
#include <cstdlib>
#include <iomanip>
#include <fstam>
#include <sstam>
#include <string>
using namespace std;
const int Q=9;                              // D2Q9
const int NX=400;                           // x方向网格数
const int NY=80;                            // y方向网格数
const double c_x=80;                        // 圆柱圆心横坐标
const double c_y=NY/2;                       // 圆柱圆心纵坐标
const double Radius=10;                     // 圆柱半径
const double Umax=0.1;                      // 流体进口流速
int e[Q][2]={ {0,0},{1,0},{0,1},{-1,0},{0,-1},{1,1},{-1,1},{-1,-1},
{1,-1} };
double w[Q]={ 4.0/9,1.0/9,1.0/9,1.0/9,1.0/9,1.0/36,1.0/36,1.0/36,1.0/36 };
int opp[Q]={ 0,3,4,1,2,7,8,5,6 };
int solid[NX+1][NY+1];                      // 固体位置
double rho[NX+1][NY+1];
double u[NX+1][NY+1][2];
double u0[NX+1][NY+1][2];
double f[NX+1][NY+1][Q];
double f_temp[NX+1][NY+1][Q];               // 碰撞后的速度分布函数
double F[NX+1][NY+1][Q];                    // 迁移后的速度分布函数
int i,j,k,ip,jp,n;
double c,Re,dx,dy,Lx,Ly,dt,rho0,tau_f,niu,error;

void init();                                // 参数初始化子函数
double feq(int k,double rho,double u[2]);   // 平衡态分布函数计算子函数
void collision();                           // 碰撞步子函数
void streaming();                           // 迁移步子函数
```

```cpp
void macroscopy();                         // 宏观量计算子函数
void output(int m);                        // 数据输出子函数
void Error();

int main()//主函数
{
    init();
    for(n=0;;n++)
    {
        collision();
        streaming();
        macroscopy();
        if(n%100==0)
        {
            Error();
            cout <<"The"<<n<<"th computation sult:"<<endl
                <<"The u,v of point(NX/2,NY/2) is:"<<setpcision(6)
                <<u[NX/2][NY/2][0]<<","<<u[NX/2][NY/2][1]<<endl;
            cout <<"The max lative error of uv is:"
                <<setiosflags(ios::scientific)<<error<<endl;
        }
        if(n%1000==0)
        {
            output(n);
        }
        //        if(error<1.0e-6)
        //        {
        //            bak;
        //        }
    }
    return 0;
}

//参数初始化
void init()
{
    dx=1.0;
    dy=1.0;
    Lx=dx * double(NX);
    Ly=dy * double(NY);
    dt=dx;
```

```
        c=dx/dt;                    // 1.0
        rho0=1.0;
        =200;                       // 定义数,可按实际调节
        niu=Umax*2*Radius/;
        tau_f=3.0*niu+0.5;          // 松弛时间
        cout<<"tau_f="<<tau_f<<endl;

        for(i=0;i<=NX;i++)
        {
            for(j=0;j<=NY;j++)
            {
                //初始化固体区域
                solid[i][j]=0;
                //if(j==0||j==NY||(pow(i-c_x,2.0)+pow(j-c_y,2.0)<pow(Radius,
2.0)))
                if(pow(i-c_x,2.0)+pow(j-c_y,2.0)<pow(Radius,2.0))
                {
                    solid[i][j]=1;
                }
                //初始化速度场和密度
                u[i][j][0]=0;
                u[i][j][1]=0;
                if(solid[i][j]==0)
                {
                    rho[i][j]=rho0;
                    if(i==0)
                    {
                        //u[i][j][0]=Umax*j*(NY-j)/(NY/2)/(NY/2);
                        u[i][j][0]=Umax;
                        u[i][j][1]=0;
                    }
                    //初始化速度分布函数
                    for(k=0;k<Q;k++)
                    {
                        f[i][j][k]=feq(k,rho[i][j],u[i][j]);
                        F[i][j][k]=f[i][j][k];
                    }
                }
            }
        }
    }
```

```
// 计算平衡态分布函数
double feq(int k,double rho,double u[2])
{
    double eu,uv;
    eu=e[k][0] * u[0]+e[k][1] * u[1];
    uv=u[0] * u[0]+u[1] * u[1];
    return w[k] * rho * (1.0+3.0 * eu+4.5 * eu * eu-1.5 * uv);
}
//碰撞
void collision()
{
    for(i=0;i<=NX;i++)
    {
        for(j=0;j<=NY;j++)
        {
            if(solid[i][j]==0)
            {
                for(k=0;k<Q;k++)
                {
                    f_temp[i][j][k]=f[i][j][k]+(feq(k,rho[i][j],u[i][j])-
f[i][j][k])/tau_f;                      // 碰撞后的分布函数
                }
            }
        }
    }
}
//迁移
void streaming()
{
    for(i=1;i<NX;i++)
    {
        for(j=0;j<=NY;j++)
        {
            if(solid[i][j]==0)
            {
                for(k=0;k<Q;k++)
                {
                    ip=i-e[k][0];
                    jp=(j-e[k][1]+NY+1) %(NY+1);
                    if(solid[ip][jp]==0)
                    {
```

```
                                F[i][j][k]=f_temp[ip][jp][k];
                        }
                }
                for(k=0;k<Q;k++)
                {
                        ip=i-e[k][0];
                        jp=(j-e[k][1]+NY+1) %(NY+1);
                        if(solid[ip][jp]==1)
                        {
                                F[i][j][k]=F[i][j][opp[k]];
                        }
                }
            }
        }
    }
}
void macroscopy()
{
    // 计算宏观量
    for(i=1;i<NX;i++)
    {
        for(j=0;j <=NY;j++)
        {
            if(solid[i][j]==0)
            {
                u0[i][j][0]=u[i][j][0];
                u0[i][j][1]=u[i][j][1];
                rho[i][j]=0;
                u[i][j][0]=0;
                u[i][j][1]=0;
                for(k=0;k<Q;k++)
                {
                    f[i][j][k]=F[i][j][k];
                    rho[i][j]+=f[i][j][k];
                    u[i][j][0]+=e[k][0] * f[i][j][k];
                    u[i][j][1]+=e[k][1] * f[i][j][k];
                }
                u[i][j][0]/=rho[i][j];
                u[i][j][1]/=rho[i][j];
            }
        }
    }
```

```cpp
        // 边界处理
        for(j=0;j<=NY;j++)                                          // 左右边界
        {
            for(k=0;k<Q;k++)
            {
                //左边界,非平衡外推边界处理格式
                rho[0][j]=rho[1][j];
                //u[0][j][0]=Umax*j*(NY-j)/(NY/2)/(NY/2);
                u[0][j][0]=Umax;
                u[0][j][1]=0;
                f[0][j][k]=feq(k,rho[0][j],u[0][j])+f[1][j][k]-feq(k,rho[1][j],
u[1][j]);
                //右边界,非平衡外推边界处理格式
                rho[NX][j]=rho[NX-1][j];
                u[NX][j][0]=u[NX-1][j][0];
                u[NX][j][1]=u[NX-1][j][1];
                f[NX][j][k]=feq(k,rho[NX][j],u[NX][j])+f[NX-1][j][k]-feq(k,
rho[NX-1][j],u[NX-1][j]);
            }
        }
    }
    //输出数据
    void output(int m)
    {
        ostringstam name;
        name<<"Cylinder_"<<setfill('0')<<setw(5)<<m<<".dat";
        ofstam out(name.str().c_str());
        out <<"Title=\" Cylinder\"\n"
            <<"VARIABLES=\" X\",\" Y\",\" U\",\" V\"\n"<<" ZONE T=\" BOX\",I="
            <<NX+1<<",J="<<NY+1<<",F=POINT "<<endl;
        for(j=0;j<=NY;j++)
        {
            for(i=0;i<=NX;i++)
            {
                out <<i<<" "
                    <<j<<" "
                    <<u[i][j][0]<<" "
                    <<u[i][j][1]<<endl;
            }
        }
    }
```

```
void Error()
{
    double temp1＝0.0;
    double temp2＝0.0;

    for(i＝1;i＜NX;i＋＋)
    {
        for(j＝1;j＜NY;j＋＋)
        {
            temp1＋＝((u[i][j][0]-u0[i][j][0]) * (u[i][j][0]-u0[i][j][0])＋
(u[i][j][1]-u0[i][j][1]) * (u[i][j][1]-u0[i][j][1]));
            temp2＋＝(u[i][j][0] * u[i][j][0]＋u[i][j][1] * u[i][j][1]);
        }
    }
    temp1＝sqrt(temp1);
    temp2＝sqrt(temp2);
    error＝temp1/(temp2＋1e-30);
}
```

3.3.5　结果展示与分析

本节共计算了 Re 为 25、50、100、200 四种条件下的圆柱绕流工况，图 3-9 给出了这四种工况下管内流体绕流圆柱过程的流速等势图。可以看到，当 $Re＜100$ 时，管内来流流经圆柱后仍能保持稳定的流动状态，圆柱下游出现两个对称的涡流；而随着 Re 越大，涡流区域的长度越大。一旦 Re 超过临界值，圆柱上下游的流线逐渐失去对称性，圆柱下游两侧的涡流依次脱离圆柱，形成卡门涡街流动，如图 3-9(c)、图 3-9(d) 所示。

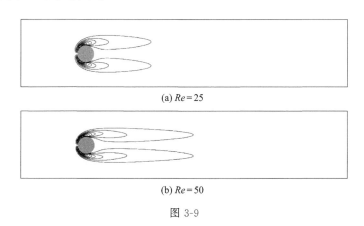

(a) $Re＝25$

(b) $Re＝50$

图 3-9

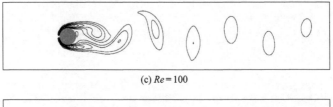

(c) $Re=100$

(d) $Re=200$

图 3-9　不同 Re 下管内圆柱绕流的速度等势图

参考文献

［1］　应纯同 . 气体输运理论及应用［M］. 北京：清华大学出版社，1990.

［2］　Krüger T，Kusumaatmaja H，Kuzmin A，et al. The lattice Boltzmann method：Principles and practice ［M］. Berlin：Springer International Publishing，2017.

［3］　何雅玲，王勇，李庆 . 格子 Boltzmann 方法的理论及应用［M］. 北京：科学出版社，2009.

［4］　郭照立，郑楚光 . 格子 Boltzmann 方法的原理及应用［M］. 北京：科学出版社，2009.

［5］　Ghia U，Ghia K N，Shin C T. High-Re solutions for incompressible flow using the Navier-Stokes equations and a multigrid method［J］. Journal of Computational Physics，1982，48（3）：387-411.

第4章

传热模拟

4.1 一维稳态热传导模拟

4.1.1 引言

热传导，又称导热，是最基本的热量传递方式之一。一维稳态热传导是指导热物体上的温度仅沿一个坐标方向变化，且该温度变化与时间无关。工程上，很多对象在稳态运行时会呈现出近似一维稳态热传导的特性，如单层薄平板法线方向的稳态热传导、单根固体棒/线长度方向上的稳态热传导。

为此，本节以一维稳态热传导问题为研究对象，通过数值离散和模拟求解一维稳态热传导控制方程来获得沿一维坐标方向上的稳态温度分布，从而使读者充分掌握导热微分方程的数值求解流程，并加深对傅里叶导热定律的基本认识。

4.1.2 物理模型

【例题 4-1】 如图 4-1 所示，一根长 6cm 的金属棒水平放置，从左侧端面施加 $q = 10\text{W/cm}^2$ 的热流，其右侧端面则与 $T_f = 20℃$ 的流体进行对流换热，且对流换热系数 $h = 1000\text{W/(m}^2 \cdot \text{K)}$。假设金属棒材料的热导率为 $\lambda = 200\text{W/(m} \cdot \text{K)}$。请编写程序数值求解金属棒稳态热传导时的沿程温度分布（仅考虑水平方向的一维热传导）。

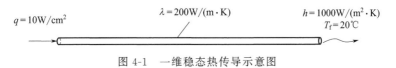

图 4-1 一维稳态热传导示意图

4.1.3　数学模型

对于只考虑水平方向且无内热源的一维稳态导热问题，其遵循傅里叶导热定律，则控制方程为

$$\frac{\mathrm{d}}{\mathrm{d}x}\left(-\lambda\,\frac{\mathrm{d}T}{\mathrm{d}x}\right)=0 \tag{4-1}$$

边界条件为

左侧端面

$$x=0,\ q=-\lambda\,\frac{\mathrm{d}T}{\mathrm{d}x} \tag{4-2}$$

右侧端面

$$x=0.06\mathrm{m},\ -\lambda\,\frac{\mathrm{d}T}{\mathrm{d}x}=h\,(T-T_{\mathrm{f}}) \tag{4-3}$$

如图 4-2 所示，在该金属棒上均匀选取 n 个节点，由节点 i 处温度 T_i 表征该节点所在的金属棒局部温度，并基于热传导基本控制方程（4-1）进行离散，可得：

内节点

$$-\lambda\,\frac{T_{i+1}-T_i}{\Delta x}=-\lambda\,\frac{T_i-T_{i-1}}{\Delta x} \tag{4-4}$$

左端面节点

$$\lambda\,\frac{T_2-T_1}{\Delta x}+q=0 \tag{4-5}$$

右端面节点

$$\lambda\,\frac{T_{n-1}-T_n}{\Delta x}+h\,(T_{\mathrm{f}}-T_n)=0 \tag{4-6}$$

式中，Δx 为空间步长，即相邻节点间距。

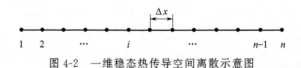

图 4-2　一维稳态热传导空间离散示意图

联立各节点方程即可得到的一维稳态热传导问题控制方程的离散形式，其形如 $\boldsymbol{Ax}=\boldsymbol{b}$：

$$
\begin{bmatrix}
1 & -1 & 0 & \cdots & & 0 \\
-\dfrac{1}{2} & 1 & -\dfrac{1}{2} & \ddots & & \vdots \\
0 & \ddots & \ddots & \ddots & & 0 \\
\vdots & \ddots & -\dfrac{1}{2} & 1 & & -\dfrac{1}{2} \\
0 & \cdots & 0 & & -\dfrac{\lambda}{h\,\Delta x+\lambda} & 1
\end{bmatrix}
\begin{bmatrix}
T_1 \\ T_2 \\ \vdots \\ T_{n-1} \\ T_n
\end{bmatrix}
=
\begin{bmatrix}
\dfrac{q\,\Delta x}{\lambda} \\ 0 \\ \vdots \\ 0 \\ \dfrac{h\,\Delta x\,T_{\mathrm{f}}}{h\,\Delta x+\lambda}
\end{bmatrix}
\tag{4-7}
$$

通过求解上述离散后的线性方程组即可得到稳态热传导时金属棒的沿程温度分布。为此，本节将采用 Gauss-Seidel 迭代格式[1] 对方程组（4-7）进行求解。

4.1.4　程序设计与运算

本节一维稳态热传导问题线性方程组（4-7）的求解由 MATLAB 2019 软件完成，计算流程如图 4-3 所示。如下文所述，MATLAB 程序由主程序 solve 和子程序 Get_A、Get_b、Guass_Seidel 四部分组成，其中主程序 solve 用于输入计算参数，子程序 Get_A 和 Get_b 用来获得线性方程组的系数矩阵和列向量，并通过子程序 Guass_Seidel 完成方程组的迭代计算。

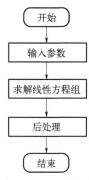

图 4-3　一维稳态热
传导计算流程图

（1）主程序 solve

```
M=61;q=100000;dx=0.001;lambda=200;h=1000;Tf=20;
                         % 输入参数,节点数 M,左侧热流 q,空间步长 dx,热
                           导率 lambda,右侧对流换热系数 h,换热流体温
                           度 Tf
A=Get_A(M,lambda,h,dx);  % 系数矩阵计算子程序
b=Get_b(M,q,dx,lambda,h,Tf);  % 列向量计算子程序
eps=10^6;                % Gauss-Seidel 迭代收敛精度
T0=ones(M,1);
T=Guass_Seidel(A,b,x0,eps)  % Gauss-Seidel 迭代计算子程序
```

（2）子程序 Get_A

```
function A=Get_A(M,lambda,h,dx)  % M 为节点个数,lambda 为热传导系数
i=1;j=1;
A=ones(M);                       % 先获得一个 M×M 的矩阵
while(i<=M)
    for j=1:M
        if i==j
            A(i,j)=1;
        elseif i==(j-1)
            A(i,j)=-1/2;
        elseif i==(j+1)
            A(i,j)=-1/2;
        else
            A(i,j)=0;
    end
end
```

```
        i=i+1;j=1;
    end
    A(1,2)=-1;
    A(M,M-1)=-lambda/(h*dx+lambda);
end
```

(3) 子程序 Get _ b

```
function b=Get_b(M,q,dx,lambda,h,Tf)
b=ones(M,1);
b(1,1)=(q*dx)/lambda;
for j=2:M-1
        b(j,1)=0;
end
b(M,1)=(h*dx*Tf)/(h*dx+lambda);
end
```

(4) 子程序 Guass _ Seidel

```
function x=Guass_Seidel(A,b,x0,eps)        % 定义 Guass_Seidel 迭代函数,需要输入 4 个
                                              参数,包括线性方程系数矩阵 A(须满足严
                                              格对角占优),常数项 b,迭代初值 x0,收敛
                                              精度 eps
x=x0;k=0;err=1.000;                        % 设定初值
n=length(b);                               % 确定向量维度
while(err>eps)
    x(1)=(b(1)-A(1,2:n)*x0(2:n))/A(1,1);
                                           % x1 的迭代格式
    for i=1:n-1
        x(i)=(b(i)-A(i,1:i-1)*x(1:i-1)-A(i,i+1:n)*x0(i+1:n))/A(i,i);
                                           % x2 至 x(n-1)的迭代格式
    end
    x(n)=(b(n)-A(n,1:n-1)*x(1:n-1))/A(n,n);
                                           % xn 的迭代格式
    err=norm(x-x0,inf);                    % 计算迭代误差,这里取两结果差值构成向量
                                              的无穷范数作为误差参考
    x0=x;
    k=k+1;
end
fprintf('k=% d',k);
end
```

4.1.5 结果展示与分析

对于一维稳态热传导控制方程（4-1），结合给定的边界条件可得其解析解为
$$T = -500x + 150 \tag{4-8}$$
图 4-4 给出了一维稳态热传导问题的数值解和解析解的对比。由图 4-4 可以看出，数值计算能够很好地反映金属棒沿长度方向进行一维稳态热传导时的沿程温度分布。

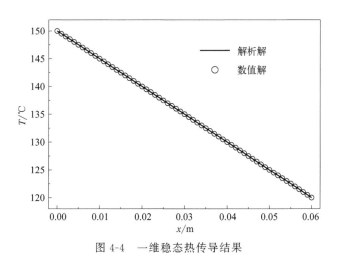

图 4-4　一维稳态热传导结果

4.2　一维非稳态热传导模拟

4.2.1　引言

非稳态热传导是指导热物体温度随时间而变化的导热过程。很多工程实际问题需要确定导热物体内部的温度场随时间的变化，或者掌握其内部温度到达某一特定值时所需的时间。例如，金属样件在加热炉内进行加热时，需要确定它在加热炉内的停留时间，以保证其达到规定的温度。

为此，本节以一维非稳态热传导问题为研究对象，通过数值离散和模拟求解一维非稳态热传导控制方程，最终获得一维坐标方向上温度分布的非稳态变化，从而使读者进一步深入理解和掌握非稳态热传导问题。

4.2.2 物理模型

【**例题 4-2**】 同样如图 4-1 所示，一根长 6cm 的金属棒水平放置，从左侧端面施加 $q = 10\text{W/cm}^2$ 的热流，其右侧端面则与 $T_f = 20℃$ 的流体进行对流换热，且对流换热系数 $h = 1000\text{W/(m}^2 \cdot \text{K)}$。假设金属棒材料的热导率为 $\lambda = 200\text{W/(m} \cdot \text{K)}$，密度为 $\rho = 3000\text{kg/m}^3$，比热容为 $c = 800\text{J/(kg} \cdot ℃)$。请编写程序数值求解金属棒内各点温度随着时间的变化。（设置初始温度 $T^0 = 20℃$，仅考虑水平方向的一维热传导）

4.2.3 数学模型

对于只考虑水平方向且无内热源的一维非稳态导热问题，其控制方程为

$$\rho c \frac{\partial T}{\partial t} - \frac{\partial}{\partial x}\left(\lambda \frac{\partial T}{\partial x}\right) = 0 \tag{4-9}$$

边界条件为

左侧端面
$$x = 0, q = -\lambda \frac{\mathrm{d}T}{\mathrm{d}x} \tag{4-10}$$

右侧端面
$$x = 0.06\text{m}, -\lambda \frac{\mathrm{d}T}{\mathrm{d}x} = h(T - T_f) \tag{4-11}$$

初始条件为

$$t = 0, T^0 = 20℃ \tag{4-12}$$

如图 4-5 所示，仍在该金属棒上均匀选取 n 个节点，由 k 时刻节点 i 处的温度 T_i^k 表征 k 时刻该节点金属棒的局部温度。为保证数值计算的稳定性，采取隐格式对方程 (4-9) 进行时间和空间离散[2]，可得：

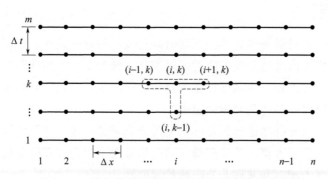

图 4-5 一维非稳态热传导时间和空间离散示意图

内节点

$$\rho c \frac{T_i^k - T_i^{k-1}}{\Delta t} = \lambda \frac{T_{i+1}^k + T_{i-1}^k - 2T_i^k}{\Delta x^2} \tag{4-13}$$

左端面节点

$$\rho c \frac{\Delta x}{2} \frac{T_1^{k+1} - T_1^k}{\Delta t} = \lambda \frac{T_2^{k+1} - T_1^{k+1}}{\Delta x} + q \tag{4-14}$$

右端面节点

$$\rho c \frac{\Delta x}{2} \frac{T_n^{k+1} - T_n^k}{\Delta t} = \lambda \frac{T_{n-1}^{k+1} - T_n^{k+1}}{\Delta x} + h\left(T_f - T_n^{k+1}\right) \tag{4-15}$$

联立各节点方程即可得到一维非稳态热传导问题控制方程的离散形式为

$$
\begin{bmatrix}
\frac{2\lambda\Delta t}{\rho c \Delta x^2}+1 & -\frac{2\lambda\Delta t}{\rho c \Delta x^2} & 0 & \cdots & 0 \\
-\frac{\lambda\Delta t}{\rho c \Delta x^2} & \frac{2\lambda\Delta t}{\rho c \Delta x^2}+1 & -\frac{\lambda\Delta t}{\rho c \Delta x^2} & \ddots & \vdots \\
0 & \ddots & \ddots & \ddots & 0 \\
\vdots & \ddots & -\frac{\lambda\Delta t}{\rho c \Delta x^2} & \frac{2\lambda\Delta t}{\rho c \Delta x^2}+1 & -\frac{\lambda\Delta t}{\rho c \Delta x^2} \\
0 & \cdots & 0 & -\frac{2\lambda\Delta t}{\rho c \Delta x^2} & 1+\frac{2\lambda\Delta t}{\rho c \Delta x^2}+\frac{2h\Delta t}{\rho c \Delta x}
\end{bmatrix}
\begin{bmatrix}
T_1^k \\ T_2^k \\ \vdots \\ T_{n-1}^k \\ T_n^k
\end{bmatrix}
=
\begin{bmatrix}
T_1^{k-1} \\ T_2^{k-1} \\ \vdots \\ T_{n-1}^{k-1} \\ T_n^{k-1}
\end{bmatrix}
+
\begin{bmatrix}
\frac{2q\Delta t}{\rho c \Delta x} \\ 0 \\ \vdots \\ 0 \\ \frac{2hT_f\Delta t}{\rho c \Delta x}
\end{bmatrix}
$$

$$\tag{4-16}$$

4.2.4 程序设计与运算

本节涉及的一维非稳态热传导问题的线性方程组（4-16）通过 MATLAB 2019 软件完成求解，计算流程如图 4-6 所示。具体来说，MATLAB 程序由主程序 solve 和子程序 Get_A、Get_b、solve_equation 四部分组成，其中主程序 solve 输入计算参数并计算结果，子程序 Get_A 和 Get_b 用来获得线性方程组的系数矩阵和列向量，子程序 solve _ equation 完成当前时间步方程组的计算。

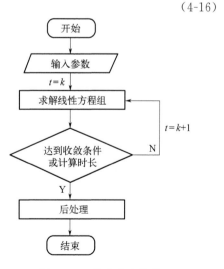

图 4-6 一维非稳态热传导计算流程图

(1) 主程序 solve

```
M=61;N=2400;q=100000;dx=0.001;lambda=200;h=1000;Tf=20;dt=1;rho=
3000;c=800;T0=20;        %输入参数,节点数 M,总时间 N,左侧热流 q,空间步长 dx,时间步
                         长 dt,热导率 lambda,右侧对流换热系数 h,换热流体温度 Tf,金
                         属棒密度 rho,金属棒比热容 c,金属棒初始温度 T0
U=solve_equation(M,N,lambda,h,dx,dt,rho,c,q,Tf,T0);
                         % 由 MATLAB 软件直接求解线性方程组
```

(2) 子程序 Get_A

```
function A=Get_A(M,lambda,h,dx,dt,rho,c)        % M 为节点个数,lambda 为热导率,h
为对流换热系数,dx 为空间步长,dt 为时间步长,rho 为密度,c 为比热容
a1=(1+(2 * lambda * dt)/(rho * c * dx * dx)) * ones(1,M);
a2=-lambda * dt/(rho * c * dx * dx) * ones(1,M-1);
a3=a2;
A=diag(a1)+diag(a2,1)+diag(a3,-1);
A(1,2)=-2 * lambda * dt/(rho * c * dx * dx);
A(end,end)=1+(2 * lambda * dt)/(rho * c * dx * dx)+2 * h * dt/(rho * c * dx);
A(end,end-1)=-2 * lambda * dt/(rho * c * dx * dx);
end
% 获得一个满足要求的系数矩阵
```

(3) 子程序 Get_b

```
function b=Get_b(M,h,dx,dt,rho,c,q,Tf)        % M 为节点个数,h 为对流换热系数,dx
为空间步长,dt 为时间步长,rho 为密度,c 为比热容,q 是边界条件对应热流密度,Tf 为边界对
应流体温度
b=ones(M,1);
i=1;
b(i,1)=(2 * q * dt)/(rho * c * dx);
for i=2:M-1
    b(i,1)=0;
end
i=M;
b(i,1)=2 * h * dt * Tf/(rho * c * dx);
end
```

(4) 子程序 solve_equation

```
function U=solve_equation(M,N,lambda,h,dx,dt,rho,c,q,Tf,T0)
% M 和 N 分别为空间和时间层数,lambda 为热传导系数,h 为对流换热系数,dx 为空间步
长,dt 为时间步长,r 为密度,c 为比热容,q 是边界条件对应热流密度,Tf 为边界对应流体温度,
```

T0 为初始温度条件。

```
    u_k=ones(M,1);                    % 先定义一层,方便计算初值及后续网格内各
                                         时间层值

    k=0;                              % 先算初值,k代表时间层
    for i=1:M
      u_k(i,1)=T0;                    % 根据初值条件,给各节点在初始时间的温
                                         度值

    end    % 初值即第一层时间层计算结束
    fprintf(初始条件下节点解值);disp(u_k);
    A=Get_A(M,lambda,h,dx,dt,rho,c);
    b=Get_b(M,h,dx,dt,rho,c,q,Tf);    % 获得计算需要的部分内容
    while(k<N)% 开始计算各时间层下各节点的数据
        c=u_k;                        % 赋值上一层,方便计算
        k=k+1;
        time=k*dt;
        u_k=A\(c+b);                  % 算得下层
      if(mod(time,100)==0)
        fprintf(时间为% 1.15f秒下的节点解值\n',time);disp(u_k);
        disp('_____')
      end
      if(norm(u_k-c,inf)<1e-6)
        break;
      end
    end
    U=u_k;
end
```

4.2.5 结果展示与分析

通过模拟求解,图 4-7 给出了不同时刻金属棒的沿程温度分布。由图可以看出约 2000s 后金属棒温度趋于稳态,且此时的稳态温度分布与 4.1 节所得的解析解式(4-8) 吻合良好。这里,我们还可以把左端面热源理解为一个局部高温点向金属棒传递热量,则初始阶段,该局部高温点与金属棒的温差较大,会使金属棒迅速升温;而随着金属棒温度的升高,该局部高温点与金属棒间的温差逐渐减小,金属棒的升温速率也随之减小,最终金属棒的温度演化特征呈先快后慢的变化规律,由图 4-7 所示。

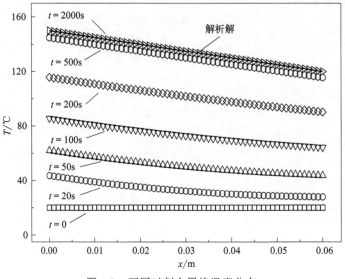

图 4-7　不同时刻金属棒温度分布

4.3　二维稳态热传导模拟

4.3.1　引言

　　二维稳态导热是导热物体的温度在二维平面内存在变化且其平面上的温度分布特征与时间无关的一类传热现象。一般地，二维平面热传导达到稳态后的温度分布由其边界条件决定。本节以二维稳态导热问题为研究对象，分析了二维平面内部节点、边界节点和角点上稳态导热离散方程系数的差异，并最终给出二维平面稳态导热时的温度分布规律。

4.3.2　物理模型

　　【例题 4-3】　如图 4-8 所示，一个金属固体平板长 6cm，宽 6cm，垂直 x-y 平面方向无限长，左端面为 $q_w = 10\text{W/cm}^2$ 的恒热流加热边界条件，上端面边界条件为 $q_n = 1\text{W/cm}^2$ 的恒热流加热边界条件，下端面绝热 $q_s = 0$，右端面与 $T_f = 20℃$ 的流体进行对流换热，且对流换热系数 $h = 1000\text{W/(m}^2 \cdot \text{K)}$。假设金属的热导率 $\lambda = 200\text{W/(m} \cdot \text{K)}$，请编写程序来数值求解稳态导热时平板各点的温度。

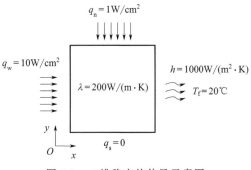

图 4-8　二维稳态热传导示意图

4.3.3　数学模型

如图 4-9 所示，该二维稳态热传导问题仅考虑水平和竖直方向的二维热传导，且无内热源，因此其遵循傅里叶导热定律，则控制方程为

$$\frac{\partial}{\partial x}\left(\lambda\frac{\partial T}{\partial x}\right)+\frac{\partial}{\partial y}\left(\lambda\frac{\partial T}{\partial y}\right)=0 \tag{4-17}$$

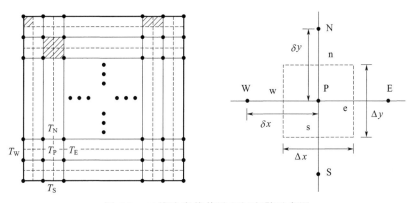

图 4-9　二维稳态热传导空间离散示意图

边界条件为

左侧端面 $\qquad\qquad\qquad\qquad x=0,q=-\lambda\dfrac{\partial T}{\partial x}$ $\qquad\qquad\qquad$ (4-18)

右侧端面 $\qquad\qquad x=0.06\mathrm{m},-\lambda\dfrac{\partial T}{\partial x}=h(T-T_{\mathrm{f}})$ $\qquad$ (4-19)

上侧端面 $\qquad\qquad\quad y=0.06\mathrm{m},q=-\lambda\dfrac{\partial T}{\partial x}$ $\qquad\qquad$ (4-20)

下侧端面 $\qquad\qquad\qquad\quad y=0,q=0$ $\qquad\qquad\qquad$ (4-21)

对二维热传导控制方程（4-17）进行离散可得：

$$a_P T_P = a_E T_E + a_W T_W + a_N T_N + a_S T_S + b \tag{4-22}$$

式中，T_P 为当前节点温度；T_E、T_W、T_N、T_S 为相邻的四周节点温度；a_P、a_E、a_W、a_N、a_S 为前置系数，且与网格尺寸和热导率相关；b 为与热源相关的源项。各节点位置系数表达如表 4-1 所示

表 4-1　不同位置节点对应系数取值

节点	系数					
	a_E	a_W	a_N	a_S	b	a_P
内节点	$\dfrac{k_e\Delta y}{(\delta x)_e}$	$\dfrac{k_w\Delta y}{(\delta x)_w}$	$\dfrac{k_n\Delta x}{(\delta y)_n}$	$\dfrac{k_s\Delta x}{(\delta y)_s}$	0	$a_E+a_W+a_N+a_S$
左端面节点	$2\dfrac{k_e\Delta y}{(\delta x)_e}$	0	$\dfrac{k_n\Delta x}{(\delta y)_n}$	$\dfrac{k_s\Delta x}{(\delta y)_s}$	$2q_w\Delta y$	$a_E+a_W+a_N+a_S$
右端面节点	0	$2\dfrac{k_w\Delta y}{(\delta x)_w}$	$\dfrac{k_n\Delta x}{(\delta y)_n}$	$\dfrac{k_s\Delta x}{(\delta y)_s}$	$2hT_f\Delta y$	$a_E+a_W+a_N+a_S+2h\Delta y$
上端面节点	$\dfrac{k_e\Delta y}{(\delta x)_e}$	$\dfrac{k_w\Delta y}{(\delta x)_w}$	0	$2\dfrac{k_s\Delta x}{(\delta y)_s}$	$2q_n\Delta y$	$a_E+a_W+a_N+a_S$
下端面节点	$\dfrac{k_e\Delta y}{(\delta x)_e}$	$\dfrac{k_w\Delta y}{(\delta x)_w}$	$2\dfrac{k_n\Delta x}{(\delta y)_n}$	0	0	$a_E+a_W+a_N+a_S$
左上角点	$\dfrac{k_e\Delta y}{(\delta x)_e}$	0	0	$\dfrac{k_s\Delta x}{(\delta y)_s}$	$q_w\Delta x+q_n\Delta y$	$a_E+a_W+a_N+a_S$
左下角点	$\dfrac{k_e\Delta y}{(\delta x)_e}$	0	$\dfrac{k_n\Delta x}{(\delta y)_n}$	0	$q_w\Delta y$	$a_E+a_W+a_N+a_S$
右上角点	0	$\dfrac{k_w\Delta y}{(\delta x)_w}$	0	$\dfrac{k_s\Delta x}{(\delta y)_s}$	$hT_f\Delta y+q_n\Delta y$	$a_E+a_W+a_N+a_S+h\Delta y$
右下角点	0	$\dfrac{k_w\Delta y}{(\delta x)_w}$	$\dfrac{k_n\Delta x}{(\delta y)_n}$	0	$hT_f\Delta y$	$a_E+a_W+a_N+a_S+h\Delta y$

对比表 4-1 内各系数可知，当前节点的位置决定了该节点离散形式控制方程中的系数 a_E、a_W、a_N、a_S、a_P、b 等的取值，建议读者进一步计算推导来掌握这些系数产生差异的原因。联立各节点方程即可得到二维稳态热传导问题控制方程的离散形式，但考虑篇幅限制，这里不再给出其具体表达，读者可参考文献 [2]。通过求解离散后的线性方程组便可得到稳态热传导时二维金属固体的温度分布。

4.3.4　程序设计与运算

本节二维稳态热传导问题线性方程组的求解由 MATLAB 2019 软件完成，计

算流程仍如图 4-3 所示，该程序主要包括构建系数矩阵和求解线性方程组等步骤。具体来说，程序首先定义并计算获得每个节点位置离散形式控制方程中的系数，接着基于 Jacobi 迭代格式[1] 计算获得稳态热传导工况下的二维平板温度分布。

程序示例：

```
clc
clear
%% 初始值
LengthX=0.06;                    % x 方向长度
LengthY=0.06;                    % y 方向长度
s=0;                             % 热源
k=200;                           % 热导率
qn=10000;                        % 上边界热流
qw=100000;                       % 左边界热流
qs=0;                            % 下边界绝热
h=1000;                          % 右边界换热系数
tf=20;                           % 右边界换热流体温度
%%
N=15;                            % x 方向网格数
M=15;                            % y 方向网格数
maxresi=1e-7;                    % 收敛误差
%% 设定初值
dx=LengthX/N;                    % x 方向空间步长
dy=LengthY/M;                    % y 方向空间步长
ae1=zeros(M+1,N+1);
aw1=zeros(M+1,N+1);
an1=zeros(M+1,N+1);
as1=zeros(M+1,N+1);
ap0=zeros(M+1,N+1);
ap1=zeros(M+1,N+1);
b=zeros(M+1,N+1);
Tn0=zeros(M+1,N+1);
T1=zeros(M+1,N+1);
resi=zeros(M+1,N+1);

%% 节点系数计算
% 内部节点系数计算
ae1(2:M,2:N)=k*dy/dx;
aw1(2:M,2:N)=k*dy/dx;
an1(2:M,2:N)=k*dx/dy;
as1(2:M,2:N)=k*dx/dy;
```

```
ap1(2:M,2:N)=ae1(2:M,2:N)+aw1(2:M,2:N)+an1(2:M,2:N)+as1(2:M,2:N);
b(2:M,2:N)=s * dx * dy;
% 边界节点计算
% 左边界节点
i=1;
for j=1:N+1
    ae1(i,j)=2 * k * dy/dx;
    aw1(i,j)=0;
    an1(i,j)=k * dy/dx;
    as1(i,j)=k * dx/dy;
    ap1(i,j)=ae1(i,j)+aw1(i,j)+an1(i,j)+as1(i,j);
    b(i,j)=s * dx * dy+2 * qw * dy;
end
% 右边界节点
i=M+1;
for j=1:N+1
    ae1(i,j)=0;
    aw1(i,j)=2 * k * dy/dx;
    an1(i,j)=k * dx/dy;
    as1(i,j)=k * dx/dy;
    ap1(i,j)=ae1(i,j)+aw1(i,j)+an1(i,j)+as1(i,j)+2 * h * dy;
    b(i,j)=s * dx * dy+2 * h * tf * dy;
end
% 下边界节点
j=1;
for i=1:M+1
    ae1(i,j)=k * dy/dx;
    aw1(i,j)=k * dy/dx;
    an1(i,j)=2 * k * dx/dy;
    as1(i,j)=0;
    ap1(i,j)=ae1(i,j)+aw1(i,j)+an1(i,j)+as1(i,j);
    b(i,j)=s * dx * dy+2 * qs * dx;
end
% 上边界节点
j=N+1;
for i=1:M+1
    ae1(i,j)=k * dy/dx;
    aw1(i,j)=k * dy/dx;
    an1(i,j)=0;
    as1(i,j)=2 * k * dx/dy;
    ap1(i,j)=ae1(i,j)+aw1(i,j)+an1(i,j)+as1(i,j);
```

```
    b(i,j)=s * dx * dy+2 * qn * dx;
end
% 左下角点
j=1;
i=1;
ae1(i,j)=k * dy/dx;
aw1(i,j)=0;
an1(i,j)=k * dx/dy;
as1(i,j)=0;
ap1(i,j)=ae1(i,j)+aw1(i,j)+an1(i,j)+as1(i,j);
b(i,j)=s * dx * dy+qw * dy+qs * dx;
% 右下角点
j=1;
i=M+1;
ae1(i,j)=0;
aw1(i,j)=k * dy/dx;
an1(i,j)=k * dx/dy;
as1(i,j)=0;
ap1(i,j)=ae1(i,j)+aw1(i,j)+an1(i,j)+as1(i,j)+h * dy;
b(i,j)=s * dx * dy+h * tf * dy+qs * dx;
% 左上角点
i=1;
j=N+1;
ae1(i,j)=k * dy/dx;
aw1(i,j)=0;
an1(i,j)=0;
as1(i,j)=k * dx/dy;
ap1(i,j)=ae1(i,j)+aw1(i,j)+an1(i,j)+as1(i,j);
b(i,j)=s * dx * dy+qn * dx+qw * dy;
% 右上角点
i=M+1;
j=N+1;
ae1(i,j)=0;
aw1(i,j)=k * dy/dx;
an1(i,j)=0;
as1(i,j)=k * dx/dy;
ap1(i,j)=ae1(i,j)+aw1(i,j)+an1(i,j)+as1(i,j)+h * dy;
b(i,j)=s * dx * dy+qn * dx+h * tf * dy;
% % 迭代
resimax=1.0;
    while(resimax>maxresi)
```

```
T1=Tn0；
for i=2:M
  for j=2:N
    T1(i,j)=(ae1(i,j)*Tn0(i+1,j)+aw1(i,j)*Tn0(i-1,j)...
      +an1(i,j)*Tn0(i,j+1)+as1(i,j)*Tn0(i,j-1)...
      +b(i,j))/ap1(i,j)；
    end
  end
for i=1
  for j=2:N
    T1(i,j)=(ae1(i,j)*Tn0(i+1,j)...
      +an1(i,j)*Tn0(i,j+1)+as1(i,j)*Tn0(i,j-1)...
      +b(i,j))/ap1(i,j)；
    end
  end
for i=M+1
  for j=2:N
    T1(i,j)=(aw1(i,j)*Tn0(i-1,j)...
      +an1(i,j)*Tn0(i,j+1)+as1(i,j)*Tn0(i,j-1)...
      +b(i,j))/ap1(i,j)；
    end
  end
for i=2:N
  for j=1
    T1(i,j)=(ae1(i,j)*Tn0(i+1,j)+aw1(i,j)*Tn0(i-1,j)...
      +an1(i,j)*Tn0(i,j+1)...
      +b(i,j))/ap1(i,j)；
    end
  end
for i=2:N
  for j=N+1
    T1(i,j)=(ae1(i,j)*Tn0(i+1,j)+aw1(i,j)*Tn0(i-1,j)...
      +as1(i,j)*Tn0(i,j-1)...
      +b(i,j))/ap1(i,j)；
    end
  end
  i=1；
  j=1；
  T1(i,j)=(ae1(i,j)*Tn0(i+1,j)+an1(i,j)*Tn0(i,j+1)+b(i,j))/ap1(i,j)；
  i=1；
  j=N+1；
```

```
            T1(i,j)＝(ae1(i,j) * Tn0(i+1,j)...
                 ＋as1(i,j) * Tn0(i,j-1)...
                 ＋b(i,j))/ap1(i,j);
        i＝M+1;
        j＝1;
            T1(i,j)＝(aw1(i,j) * Tn0(i-1,j)...
                 ＋an1(i,j) * Tn0(i,j+1)...
                 ＋b(i,j))/ap1(i,j);
        i＝M+1;
        j＝N+1;
            T1(i,j)＝(aw1(i,j) * Tn0(i-1,j)...
                 ＋as1(i,j) * Tn0(i,j-1)...
                 ＋b(i,j))/ap1(i,j);
        resimax＝max(max(abs(T1-Tn0)));

        Tn0＝T1;
    end
% 图像
[C,h]＝contour(T1','ShowText','on','LineWidth',2,'LineColor','k');
clabel(C,h,'FontSize',16)
box on
axis equal
set(gca,'Linewidth',1.0);
set(gca,'xtick',[],'ytick',[]);
set(gcf,'renderer','painters');
pos＝get(gcf,'Position');           % 获取窗口尺寸信息
pos(4)＝pos(3);                      % 改变窗口宽度(倍数根据长宽比自己确定)
set(gcf,'Position',pos)             % 更新窗口尺寸
set(gca,'LooseInset',[0.05,0.05,0.05,0.05]);
print('Tem','-dtiff','-r600')
T1
```

4.3.5　结果展示与分析

本节所计算的二维稳态导热是四个热边界条件共同作用下的导热行为。根据上述程序的计算结果，图 4-10 给出了该二维稳态导热的温度等势线图，该等势线图也反映了该金属固体内部的热流方向。可以看到，由于左边界的热流显著高于上边界的热流，下边界绝热，且右边界的对流换热主导了该金属固体的散热，金属固体内导热达到稳态时温度基本呈左高右低的分布特征，热流方向则几乎呈自左向右趋势。

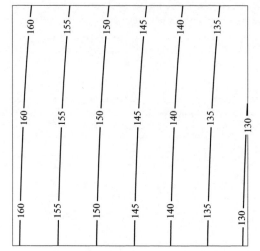

图 4-10　二维稳态导热温度等势线图（温度单位：℃）

4.4　二维非稳态热传导模拟

4.4.1　引言

　　二维非稳态热传导是指二维表面各处温度随时间发生变化的热传导行为，掌握二维非稳态导热特性对理解和分析不同热流作用下的热传导规律具有重要意义。为此，本节以二维非稳态传热问题为研究对象，重点说明了引入非稳态时间项后的热传导离散方程与稳态热传导离散方程的区别，最终给出不同时间下的二维表面温度分布。

4.4.2　物理模型

　　【例题 4-4】　同样如图 4-8 所示，一个金属固体，长 6cm，宽 6cm，垂直纸面方向无限长，左端面边界条件 $q_w = 10\text{W/cm}^2$，上端面边界条件 $q_n = 1\text{W/cm}^2$，下端面绝热，右端面与 $T_f = 20℃$ 的流体进行对流换热，且对流换热系数 $h = 1000\text{W/(m}^2 \cdot \text{K)}$。假设金属的热导率 $\lambda = 200\text{W/(m} \cdot \text{K)}$，密度 $\rho = 3000\text{kg/m}^3$，比热容 $c = 800\text{J/(kg} \cdot \text{K)}$，初始温度为 $T^0 = 20℃$。请编写程序求解金属固体温度分布随时间的变化。

4.4.3　数学模型

二维非稳态热传导的控制方程为

$$\rho c \frac{\partial T}{\partial t} = \frac{\partial}{\partial x}\left(\lambda \frac{\partial T}{\partial x}\right) + \frac{\partial}{\partial y}\left(\lambda \frac{\partial T}{\partial y}\right) \qquad (4\text{-}23)$$

边界条件为

左侧端面
$$x = 0, q = -\lambda \frac{\partial T}{\partial x} \qquad (4\text{-}24)$$

右侧端面
$$x = 0.06\text{m}, -\lambda \frac{\partial T}{\partial x} = h(T - T_f) \qquad (4\text{-}25)$$

上侧端面
$$y = 0.06\text{m}, q = -\lambda \frac{\partial T}{\partial x} \qquad (4\text{-}26)$$

下侧端面
$$y = 0, q = 0 \qquad (4\text{-}27)$$

初始条件为

$$t = 0, T^0 = 20℃ \qquad (4\text{-}28)$$

对二维非稳态热传导控制方程（4-23）离散可得：

$$a_P T_P = a_E T_E + a_W T_W + a_N T_N + a_S T_S + b \qquad (4\text{-}29)$$

式中，T_P 为当前节点温度；T_E、T_W、T_N、T_S 为相邻的四周节点温度；a_P、a_E、a_W、a_N、a_S 为前置系数，且与网格尺寸和热导率相关；b 为源项。可以看到非稳态热传导离散方程与稳态热传导离散方程具有相同的数学表达形式，但各自的系数有所区别，具体如表 4-2 所示。

表 4-2　不同位置节点对应系数取值

节点	系数						
	a_E	a_W	a_N	a_S	b	a_P	a_P^0
内节点	$\dfrac{k_e \Delta y}{(\delta x)_e}$	$\dfrac{k_w \Delta y}{(\delta x)_w}$	$\dfrac{k_n \Delta x}{(\delta y)_n}$	$\dfrac{k_s \Delta x}{(\delta y)_s}$	$a_P^0 T_P^0$	$a_E + a_W + a_N + a_S + a_P^0$	$\dfrac{\rho c \Delta x \Delta y}{\Delta t}$
左端面节点	$2\dfrac{k_e \Delta y}{(\delta x)_e}$	0	$\dfrac{k_n \Delta x}{(\delta y)_n}$	$\dfrac{k_s \Delta x}{(\delta y)_s}$	$a_P^0 T_P^0 + 2q_w \Delta y$	$a_E + a_W + a_N + a_S + a_P^0$	$\dfrac{\rho c \Delta x \Delta y}{\Delta t}$
右端面节点	0	$2\dfrac{k_w \Delta y}{(\delta x)_w}$	$\dfrac{k_n \Delta x}{(\delta y)_n}$	$\dfrac{k_s \Delta x}{(\delta y)_s}$	$a_P^0 T_P^0 + 2h T_f \Delta y$	$a_E + a_W + a_N + a_S + a_P^0 + 2h \Delta y$	$\dfrac{\rho c \Delta x \Delta y}{\Delta t}$

节点	系数						
	a_E	a_W	a_N	a_S	b	a_P	a_P^0
上端面节点	$\dfrac{k_e \Delta y}{(\delta x)_e}$	$\dfrac{k_w \Delta y}{(\delta x)_w}$	0	$2\dfrac{k_s \Delta x}{(\delta y)_s}$	$a_P^0 T_P^0 + 2q_n \Delta y$	$a_E + a_W + a_N + a_S + a_P^0$	$\dfrac{\rho c \Delta x \Delta y}{\Delta t}$
下端面节点	$\dfrac{k_e \Delta y}{(\delta x)_e}$	$\dfrac{k_w \Delta y}{(\delta x)_w}$	$2\dfrac{k_n \Delta x}{(\delta y)_n}$	0	$a_P^0 T_P^0$	$a_E + a_W + a_N + a_S + a_P^0$	$\dfrac{\rho c \Delta x \Delta y}{\Delta t}$
左上角点	$\dfrac{k_e \Delta y}{(\delta x)_e}$	0	0	$\dfrac{k_s \Delta x}{(\delta y)_s}$	$a_P^0 T_P^0 + q_w \Delta x + q_n \Delta y$	$a_E + a_W + a_N + a_S + a_P^0$	$\dfrac{\rho c \Delta x \Delta y}{\Delta t}$
左下角点	$\dfrac{k_e \Delta y}{(\delta x)_e}$	0	$\dfrac{k_n \Delta x}{(\delta y)_n}$	0	$a_P^0 T_P^0 + q_w \Delta x$	$a_E + a_W + a_N + a_S + a_P^0$	$\dfrac{\rho c \Delta x \Delta y}{\Delta t}$
右上角点	0	$\dfrac{k_w \Delta y}{(\delta x)_w}$	0	$\dfrac{k_s \Delta x}{(\delta y)_s}$	$a_P^0 T_P^0 + q_n \Delta y + hT_f \Delta y$	$a_E + a_W + a_N + a_S + a_P^0 + h\Delta y$	$\dfrac{\rho c \Delta x \Delta y}{\Delta t}$
右下角点	0	$\dfrac{k_w \Delta y}{(\delta x)_w}$	$\dfrac{k_n \Delta x}{(\delta y)_n}$	0	$a_P^0 T_P^0 + hT_f \Delta y$	$a_E + a_W + a_N + a_S + a_P^0 + h\Delta y$	$\dfrac{\rho c \Delta x \Delta y}{\Delta t}$

对比本节和 4.3 节线性方程组中 a_E、a_W、a_N、a_S、a_P 和 b 等系数表达可以看到，非稳态热传导行为控制方程中引入的时间偏差分项主要改变的是当前节点 P 位置的系数 a_P 及其系数 b。最后，联立各节点方程即可得到二维非稳态热传导问题控制方程的离散形式，通过求解离散后的线性方程组便可得到非稳态热传导过程中金属固体温度分布随时间的变化。

4.4.4　程序设计与运算

本节二维非稳态热传导问题线性方程组的求解由 MATLAB 2019 软件完成，计算流程仍如图 4-6 所示，该程序主要包括构建系数矩阵和求解线性方程组等步骤。具体来说，程序将在每一时间步内更新系数矩阵，并基于 Jacobi 迭代格式获得当前时间步的温度，接着推进时间步重复上述操作，直至两个相邻时间步上二维平板温度分布差异小于一临界值，认为二维非稳态热传导行为达到稳态。

程序示例：

```
clc
clear
% % 初始值
LengthX＝0.06;
LengthY＝0.06;
```

```matlab
s=0;                         % 热源
k=200;                       % 热导率
qn=10000;
qw=100000;
qs=0;
h=1000;
tf=20;
den=3000;                    % 密度
cv=800;                      % 热容
% %
dt=20;                       % 时间步长
N=15;                        % X
M=15;                        % Y
maxresi=1e-7;                % 容差
maxstep=200;
% % 设定初值
dx=LengthX/N;
dy=LengthY/M;
ae1=zeros(M+1,N+1);
aw1=zeros(M+1,N+1);
an1=zeros(M+1,N+1);
as1=zeros(M+1,N+1);
ap0=zeros(M+1,N+1);
ap1=zeros(M+1,N+1);
b=zeros(M+1,N+1);
Tn0=zeros(M+1,N+1);
T1=zeros(M+1,N+1);
T0=ones(M+1,N+1)*20;
resi=zeros(M+1,N+1);


% % 网格系数计算
% 内部网格计算
ae1(2:M,2:N)=k*dy/dx;
aw1(2:M,2:N)=k*dy/dx;
an1(2:M,2:N)=k*dx/dy;
as1(2:M,2:N)=k*dx/dy;
ap0(2:M,2:N)=den*cv*dx*dy/dt;
ap1(2:M,2:N)=ap0(2:M,2:N)+ae1(2:M,2:N)+aw1(2:M,2:N)+an1(2:M,2:N)+
as1(2:M,2:N);
    b(2:M,2:N)=s*dx*dy;
% 边界网格计算
```

```matlab
% 左侧
i=1;
for j=1:N+1
    ae1(i,j)=2*k*dy/dx;
    aw1(i,j)=0;
    an1(i,j)=k*dy/dx;
    as1(i,j)=k*dx/dy;
    ap0(i,j)=den*cv*dx*dy/dt;
    ap1(i,j)=ap0(i,j)+ae1(i,j)+aw1(i,j)+an1(i,j)+as1(i,j);
    b(i,j)=s*dx*dy+2*qw*dy;
end
% 右侧
i=M+1;
for j=1:N+1
    ae1(i,j)=0;
    aw1(i,j)=2*k*dy/dx;
    an1(i,j)=k*dx/dy;
    as1(i,j)=k*dx/dy;
    ap0(i,j)=den*cv*dx*dy/dt;
    ap1(i,j)=ap0(i,j)+ae1(i,j)+aw1(i,j)+an1(i,j)+as1(i,j)+2*h*dy;
    b(i,j)=s*dx*dy+2*h*tf*dy;
end
% 下侧
j=1;
for i=1:M+1
    ae1(i,j)=k*dy/dx;
    aw1(i,j)=k*dy/dx;
    an1(i,j)=2*k*dx/dy;
    as1(i,j)=0;
    ap0(i,j)=den*cv*dx*dy/dt;
    ap1(i,j)=ap0(i,j)+ae1(i,j)+aw1(i,j)+an1(i,j)+as1(i,j);
    b(i,j)=s*dx*dy+2*qs*dx;
end
% 上侧
j=N+1;
for i=1:M+1
    ae1(i,j)=k*dy/dx;
    aw1(i,j)=k*dy/dx;
    an1(i,j)=0;
    as1(i,j)=2*k*dx/dy;
    ap0(i,j)=den*cv*dx*dy/dt;
```

```matlab
        ap1(i,j)=ap0(i,j)+ae1(i,j)+aw1(i,j)+an1(i,j)+as1(i,j);
        b(i,j)=s*dx*dy+2*qn*dx;
end
% 左下角点
j=1;
i=1;
ae1(i,j)=k*dy/dx;
aw1(i,j)=0;
an1(i,j)=k*dx/dy;
as1(i,j)=0;
ap0(i,j)=0.5*den*cv*dx*dy/dt;
ap1(i,j)=ap0(i,j)+ae1(i,j)+aw1(i,j)+an1(i,j)+as1(i,j);
b(i,j)=s*dx*dy+qw*dy+qs*dx;

% 右下角点
j=1;
i=M+1;
ae1(i,j)=0;
aw1(i,j)=k*dy/dx;
an1(i,j)=k*dx/dy;
as1(i,j)=0;
ap0(i,j)=0.5*den*cv*dx*dy/dt;
ap1(i,j)=ap0(i,j)+ae1(i,j)+aw1(i,j)+an1(i,j)+as1(i,j)+h*dy;
b(i,j)=s*dx*dy+qs*dx+h*tf*dy;

% 左上角点
i=1;
j=N+1;
ae1(i,j)=k*dy/dx;
aw1(i,j)=0;
an1(i,j)=0;
as1(i,j)=k*dx/dy;
ap0(i,j)=0.5*den*cv*dx*dy/dt;
ap1(i,j)=ap0(i,j)+ae1(i,j)+aw1(i,j)+an1(i,j)+as1(i,j);
b(i,j)=s*dx*dy+qw*dy+qn*dx;
% 右上角点
i=M+1;
j=N+1;
ae1(i,j)=0;
aw1(i,j)=k*dy/dx;
an1(i,j)=0;
as1(i,j)=k*dx/dy;
ap0(i,j)=0.5*den*cv*dx*dy/dt;
```

```
ap1(i,j)=ap0(i,j)+ae1(i,j)+aw1(i,j)+an1(i,j)+as1(i,j)+h * dy;
b(i,j)=s * dx * dy+qn * dx+h * tf * dy;
% % 迭代
hh=0;
fprintf('初始条件下节点解值');disp(T0)
while(hh<maxstep)
  Tn0=T0;
  hh=hh+1;
  time=hh * dt;
resimax=1.0;
  while(resimax>maxresi)
    % 内部
    for i=2:M
      for j=2:N
        T1(i,j)=(ae1(i,j) * Tn0(i+1,j)+aw1(i,j) * Tn0(i-1,j)...
          +an1(i,j) * Tn0(i,j+1)+as1(i,j) * Tn0(i,j-1)...
          +b(i,j)+ap0(i,j) * T0(i,j))/ap1(i,j);
      end
    end
    % 左侧
    for i=1
    for j=2:N
        T1(i,j)=(ae1(i,j) * Tn0(i+1,j)...
          +an1(i,j) * Tn0(i,j+1)+as1(i,j) * Tn0(i,j-1)...
          +b(i,j)+ap0(i,j) * T0(i,j))/ap1(i,j);
      end
    end
    % 右侧
    for i=M+1
      for j=2:N
        T1(i,j)=(aw1(i,j) * Tn0(i-1,j)...
          +an1(i,j) * Tn0(i,j+1)+as1(i,j) * Tn0(i,j-1)...
          +b(i,j)+ap0(i,j) * T0(i,j))/ap1(i,j);
      end
    end
    % 下侧
  for i=2:N
      for j=1
        T1(i,j)=(ae1(i,j) * Tn0(i+1,j)+aw1(i,j) * Tn0(i-1,j)...
          +an1(i,j) * Tn0(i,j+1)...
          +b(i,j)+ap0(i,j) * T0(i,j))/ap1(i,j);
```

```
        end
    end
        % 上侧
        for i=2:N
         for j=N+1
            T1(i,j)=(ae1(i,j)*Tn0(i+1,j)+aw1(i,j)*Tn0(i-1,j)...
                +as1(i,j)*Tn0(i,j-1)...
                +b(i,j)+ap0(i,j)*T0(i,j))/ap1(i,j);
         end
        end
        % 左下
        i=1;
        j=1;
        T1(i,j)=(ae1(i,j)*Tn0(i+1,j)+an1(i,j)*Tn0(i,j+1)+b(i,j)+ap0(i,j)*T0
(i,j))/ap1(i,j);
        % 左上
        i=1;
        j=N+1;
        T1(i,j)=(ae1(i,j)*Tn0(i+1,j)...
            +as1(i,j)*Tn0(i,j-1)...
            +b(i,j)+ap0(i,j)*T0(i,j))/ap1(i,j);
        % 右下
        i=M+1;
        j=1;
            T1(i,j)=(aw1(i,j)*Tn0(i-1,j)...
                +an1(i,j)*Tn0(i,j+1)...
                +b(i,j)+ap0(i,j)*T0(i,j))/ap1(i,j);
        % 右上
        i=M+1;
        j=N+1;
            T1(i,j)=(aw1(i,j)*Tn0(i-1,j)...
                +as1(i,j)*Tn0(i,j-1)...
                +b(i,j)+ap0(i,j)*T0(i,j))/ap1(i,j);
    resimax=max(max(abs(T1-Tn0)));

    Tn0=T1;
end


    if(mod(time,20)==0)
    fprintf('时间为%1.15f秒下的节点解值\n',time);disp(T1);
    disp('_____')
```

```
        end
        if(abs(T1-T0)<1e-6)
            break;
        end
        T0=T1;
    end
    if(mod(time,1000)==0)
        fprintf('时间为%1.15f秒下的节点解值\n',time);disp(T1);
        disp('_____')
        % 图像
        [C,h]=contour(T1','ShowText','on','LineWidth',2,'LineColor','k');
        clabel(C,h,'FontSize',16)
        box on
        axis equal
        set(gca,'Linewidth',1.0);
        set(gca,'xtick',[],'ytick',[]);
        set(gcf,'renderer','painters');
        pos=get(gcf,'Position');            % 获取窗口尺寸信息
        pos(4)=pos(3);                      % 改变窗口宽度(倍数根据长宽比自己确定)
        set(gcf,'Position',pos)             % 更新窗口尺寸
        set(gca,'LooseInset',[0.05,0.05,0.05,0.05]);
        print('Tem','-dtiff','-r600')
    end
    if(abs(T1-T0)<1e-6)
        break;
    end
    T0=T1;
end
```

4.4.5 结果展示与分析

二维非稳态导热的特点是二维平面内各点温度随时间发生变化。为此,根据上述程序的计算结果,图 4-11 给出了不同时刻下的二维平面温度分布,可以看出,施加热边界条件后金属固体内温度迅速上升,仅 50s 后固体内最高温度就达到了64℃,随后上升幅度逐渐平缓并逐渐达到稳态。值得注意的是,本计算中,二维金属固体内温度约在 2082s 达到稳态,且非稳态计算得到的二维稳态温度分布与 4.3节的稳态计算结果一致。

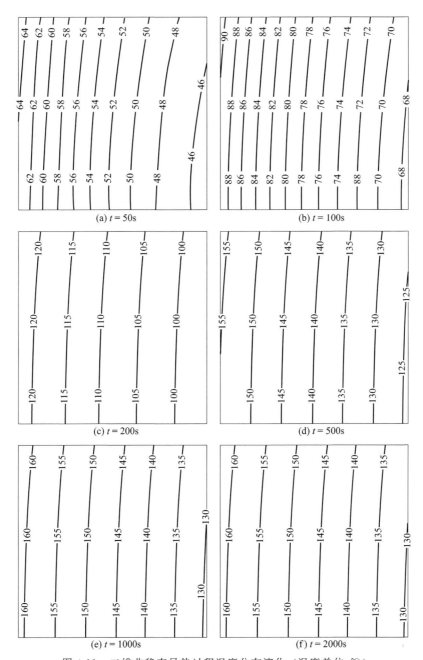

(a) $t = 50$s

(b) $t = 100$s

(c) $t = 200$s

(d) $t = 500$s

(e) $t = 1000$s

(f) $t = 2000$s

图 4-11　二维非稳态导热过程温度分布演化（温度单位：℃）

参考文献

［1］　李庆扬，王能超，易大义．数值分析［M］．北京：清华大学出版社，2008．

［2］　帕坦卡 S V．传热与流体流动的数值计算［M］．北京：科学出版社，1984．

第5章

多相流模拟

5.1 剪切流场内液滴形变模拟

5.1.1 引言

　　乳液是两种或两种以上互不相溶液体形成的混合物，由于液-液相分离作用，离散相通常以液滴的形式分布于连续相中。因两相界面的存在，作为离散相的液滴成为相对封闭的隔离结构，其高比表面积的内部空间为微流体反应、混合、输运等行为提供了优选载体，因此乳液在能源、生物、化学、医药等领域显示出了广阔的应用前景。阐明微液滴的运动、形变、破碎、聚合等流体动力学行为并掌握其精准调控方法是实现相关工程应用提质增效的重要前提，乳液多相流体动力学已成为能源动力、化学化工等领域的前沿研究热点。

　　通过外加电场、磁场、流场等方法改变乳液的界面形貌是常见的乳液运动调控手段，由于拉伸流场、剪切流场等流场的数学表达形式简单且易于在实验装置中实现，所以流场是用于研究液滴动力学行为过程最为常见的外作用力场。本节以剪切流场作用下的液滴动力学行为为研究对象，重点介绍基于相场方法的两相流模拟方法，并基于此来模拟研究液滴形变过程的界面演化行为，由此向读者直观展示剪切流场内液滴的形变动力学行为特性。

5.1.2 物理模型

　　【例题 5-1】　如图 5-1(a) 所示，一个半径为 R 的不可压缩液滴悬浮在互不相溶的连续相流体当中，而连续相流体则充注于一个 Couette 剪切流装置内[1]。该装置则通过两块相互平行的、间距为 H 的平板在各自平面内以相同的速度 U 反向滑动而在连续相流体内产生剪切率为 $\gamma=2U/H$ 的稳定剪切流场。在剪切流场作用下，液滴逐渐形变并最终稳定成椭球形状。

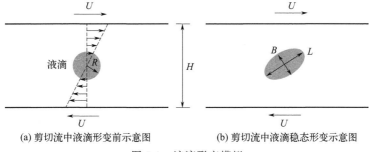

(a) 剪切流中液滴形变前示意图　　　　(b) 剪切流中液滴稳态形变示意图

图 5-1　液滴形变模拟

需要说明的是，一般采用泰勒形变参数 $D^{[1,2]}$ 表征液滴形变程度，该参数定义如下：

$$D=\frac{L-B}{L+B} \tag{5-1}$$

式中，L 和 B 分别为椭圆的长轴与短轴，如图 5-1(b) 所示。本例题中，连续相流体的雷诺数设为 $Re=\rho\gamma R^2/\mu=0.1$（$\rho$ 为连续相密度，γ 为流场剪切率，R 为液滴初始半径，μ 为连续相动力黏度）。因此，连续相惯性力对液滴动力学行为的影响可以忽略，液滴形变程度主要由连续相剪切力和液滴界面张力间的竞争关系来决定。为此，采用无量纲 Ca 数来表征连续相剪切力和液滴界面张力间的相对大小，其定义为

$$Ca=\frac{\gamma R\mu}{\sigma} \tag{5-2}$$

式中，σ 为液滴的界面张力系数。为定量分析 Ca 数对剪切流场下液滴形变程度的影响，本节共模拟计算了 6 种 Ca 数工况，即 Ca 为 0.05、0.1、0.15、0.2、0.25、0.3。

5.1.3　数学模型

剪切流场下的液滴形变是典型的两相流动问题。不同于单向流动问题，两相流动问题需要关注相界面的演化行为，因此数值模拟研究中需要实现相界面行为追踪。目前，追踪相界面的方法主要有 level set（LS）方法、volume of fluid（VOF）方法、相场方法等[3~6]，其中由于相场方法具有坚实的物理基础，且能够很好地保证质量守恒、数值稳定性和界面捕捉精度，从而成为多相流计算领域极具潜力的界面追踪方法。

相场方法以金兹堡-朗道理论（Ginzburg-Landau theory）为基础[6,7]，采用序

参数 ϕ（一般取 $\phi = \pm 1$）表征系统内部有序化程度以区分两相，序参数 ϕ 由某一相（如 $\phi = 1$）过渡到另一相（如 $\phi = -1$）的计算域为两相界面所在位置。相场方法中以 Cahn-Hilliard 方程描述序参数 ϕ 的演化行为，即

$$\frac{\partial \phi}{\partial t} + \boldsymbol{\nabla} \cdot (\phi \boldsymbol{u}) = M \boldsymbol{\nabla}^2 \mu \tag{5-3}$$

式中，M 为迁移率；$\boldsymbol{u}$ 为流体速度；μ 为化学势，化学势梯度也是界面扩散的推动力。

此外，两相流体的运动仍采用不可压缩的 Navier-Stokes 方程来描述：

$$\boldsymbol{\nabla} \cdot \boldsymbol{u} = 0 \tag{5-4}$$

$$\rho \left(\frac{\partial \boldsymbol{u}}{\partial t} + \boldsymbol{u} \cdot \boldsymbol{\nabla} \boldsymbol{u} \right) = -\nabla p + \boldsymbol{\nabla} \cdot \left[\eta (\boldsymbol{\nabla} \boldsymbol{u} + \boldsymbol{\nabla} \boldsymbol{u}^{\mathrm{T}}) \right] + \boldsymbol{F}_s \tag{5-5}$$

式中，p 为压力；η 为动力黏度；$\boldsymbol{F}_s$ 为两相表面张力，其与序参数的梯度相关，$\boldsymbol{F}_s = \mu \boldsymbol{\nabla} \phi$。

本节将采用格子 Boltzmann 方法求解上述控制方程，由于涉及相界面的捕捉和流体流动行为的计算，分别引入速度分布函数 $f_i(\boldsymbol{x}, t)$ 与序参数分布函数 $g_i(\boldsymbol{x}, t)$ 来描述相场与流场的演化情况，其演化方程为

$$f_i(\boldsymbol{x} + \boldsymbol{e}_i \delta_t, t + \delta_t) - f_i(\boldsymbol{x}, t) = \frac{1}{\tau_f} \left[f_i^{\mathrm{eq}}(\boldsymbol{x}, t) - f_i(\boldsymbol{x}, t) \right] + F_i \delta_t \tag{5-6}$$

$$g_i(\boldsymbol{x} + \boldsymbol{e}_i \delta_t, t + \delta_t) - g_i(\boldsymbol{x}, t) = \frac{1}{\tau_g} \left[g_i^{\mathrm{eq}}(\boldsymbol{x}, t) - g_i(\boldsymbol{x}, t) \right] \tag{5-7}$$

式中，τ_f 和 τ_g 为松弛时间；δ_t 为格子单位步长；$f_i^{\mathrm{eq}}(\boldsymbol{x}, t)$ 和 $g_i^{\mathrm{eq}}(\boldsymbol{x}, t)$ 表示 t 时刻 $\boldsymbol{x}$ 处速度为 $\boldsymbol{e}_i$ 的局部平衡态分布函数，这里采用 D2Q9 里离的散速度，相关介绍和具体表述分别见本书第 3.1 节和参考文献 [6]；F_i 是作用力源项，与界面张力 $\boldsymbol{F}_s$ 有关。流体流动的宏观参数（如流体密度、速度以及序参数）则通过下列公式计算：

$$\rho = \sum_{i=0}^{8} f_i \tag{5-8}$$

$$\boldsymbol{u} = \frac{1}{\rho} \left[\sum_{i=0}^{8} f_i \boldsymbol{e}_i + \frac{1}{2} \boldsymbol{F}_s \delta_t \right] \tag{5-9}$$

$$\phi = \sum_{i=0}^{8} g_i \tag{5-10}$$

本节计算选用二维空间计算域，计算域的网格为 256×128，采用基于半步反弹格式的运动边界条件反映上下平板运动，左右边界采用周期性边界条件。

5.1.4 程序设计与运算

本节基于相场格子 Boltzmann 方法的剪切流场内液滴形变问题的求解由

Microsoft Visual Studio 2019 Community 软件完成，计算流程如图 5-2 所示。需要说明的是，本节涉及的两套速度分布函数均在相同的时间步完成碰撞或迁移行为，因此程序的主要函数与第 3 章介绍的单相流动格子 Boltzmann 方法一致，这里不再赘述。

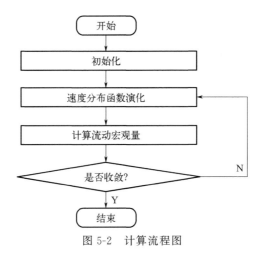

图 5-2　计算流程图

程序示例：

```cpp
#include <iostream>
#include <cmath>
#include <cstdlib>
#include <iomanip>
#include <fstream>
#include <sstream>
#include <string>
using namespace std;
const double PI=3.1415926;
const int Q=9;                              // D2Q9
const int NX=256;                           // x 方向网格数
const int NY=128;                           // y 方向网格数
const double theta=90.0;                    // 接触角
const double U=0.01;                        // 剪切速度
int e[Q][2]={ {0,0},{1,0},{0,1},{-1,0},{0,-1},{1,1},{-1,1},{-1,-1},{1,-1} };
double w[Q]={ 4.0/9,1.0/9,1.0/9,1.0/9,1.0/9,1.0/36,1.0/36,1.0/36,1.0/36 };
int opp[Q]={ 0,3,4,1,2,7,8,5,6 };
double phi[NX+1][NY+1];                     // 序参数
double rho[NX+1][NY+1];                     // 密度
double pressure[NX+1][NY+1];                // 压力
```

```
        double niu[NX+1][NY+1];                    //运动黏度
        double tau[NX+1][NY+1];                     // 松弛时间
        double A[NX+1][NY+1][Q];
        double B[NX+1][NY+1][Q];
        double solid_flag[NX+1][NY+1];
        double first_phi_x[NX+1][NY+1];            // 一阶中心差分 x 方向
        double first_phi_y[NX+1][NY+1];            // 一阶中心差分 y 方向
        double second_phi[NX+1][NY+1];             // 二阶中心差分
        double miu[NX+1][NY+1];                     // 化学势
        double eta[NX+1][NY+1];
        double tau_f[NX+1][NY+1];
        double u[NX+1][NY+1][2];
        double u0[NX+1][NY+1][2];
        double f[NX+1][NY+1][Q];
        double f_temp[NX+1][NY+1][Q];
        double g[NX+1][NY+1][Q];
        double g_temp[NX+1][NY+1][Q];
        double F[NX+1][NY+1][Q];
        double G[NX+1][NY+1][Q];
        double force_s[NX+1][NY+1][2];             // 作用力
        int i,j,k,ip,jp,ip_o,jp_o,num;
        double c,dx,dy,dt,X,Y,X1,Y1,X2,Y2,R,R1,R2,kappa,xi,Aa,sigma,gamma,eta1,
eta2,phi1,phi2,niu1,niu2,rho1,rho2,tau_f0,tau_g,alpha,error;
        void init();
        double feq_f(int k,double A,double rho,double u[2]);
        double feq_g(int k,double B,double phi,double u[2]);
        void cal_angle();                          // 计算给定接触角对应的序参数
        void cal_parameter();
        void collision();                          // 碰撞过程
        void streaming();                          // 迁移过程
        void cal_macroscopic();                    // 计算宏观量
        void output(int m);                        // 输出数据
        void Error();                              // 计算误差
        int main()
        {
            cal_angle();
            init();
            for(num=0;num<=250000;num++)
            {
                cal_parameter();
                if(num % 100==0)
```

```cpp
        {
                Error();
                cout <<"The"<<num<<"th computation result:"<<endl
                    <<"The u,v of point(NX/2,NY/2) is:"<<setprecision(6)
                    <<u[NX/2][NY/2][0]<<","<<u[NX/2][NY/2][1]<<endl;
                cout <<"The phi,rho of point(NX/2,NY/2) is:"<<setprecision(6)
                    <<phi[NX/2][NY/2]<<","<<rho[NX/2][NY/2]<<endl;
                cout <<"The max relative error of uv is:"
                    <<setiosflags(ios::scientific)<<error<<endl;
                if(num >=1000 && error<1.0e-6)
                {
                        break;
                }
        }
        if(num % 1000==0)
        {
                output(num);
        }
        collision();
        streaming();
        cal_macroscopic();
    }
    return 0;
}
//计算接触角对应的壁面序参数
void cal_angle()
{
    double alpha0=0.0,error0=1.0;
    while(error0 >=1e-6)
    {
        alpha=(2 * pow(alpha0,3.0)-2 * cos(theta * PI/180))/(3 * pow(alpha0,2.0)-3);
        error0=abs(alpha-alpha0);
        alpha0=alpha;
    }
    cout <<"接触角 θ="<<theta<<endl
        <<" Phi_w="<<alpha<<endl;
}


void init()
{
```

```
dx=1.0;
dy=1.0;
dt=dx;
R=24;
X=NX/2;
Y=NY/2;
R1=20;
X1=38;
Y1=NY/2;
R2=20;
X2=82;
Y2=NY/2;
eta1=0.2;
eta2=0.2;
tau_f0=1.0;
tau_g=1/(3-sqrt(3));
sigma=0.005;                 // 表面张力
gamma=4.0;                   // 迁移率
xi=1.5;                      // 界面厚度
kappa=3 * sigma * xi/4;      // 参数 kappa
Aa=3 * sigma/(2 * xi);
for(int i=0;i<=NX;i++)
{
    for(int j=0;j<=NY;j++)
    {
        u[i][j][0]=0;
        u[i][j][1]=0;
        tau_f[i][j]=tau_f0;
        force_s[i][j][0]=0;
        force_s[i][j][1]=0;
        phi[i][j]=-1;
        solid_flag[i][j]=0;
        if(pow(i-X,2.0)+pow(j-Y,2.0)<pow(R,2.0))
        {
            phi[i][j]=1;
        }
        if(j==0 || j==NY)
        {
            solid_flag[i][j]=1;
            phi[i][j]=alpha;
        }
```

```
                rho[i][j]=1;
                for(int k=0;k<Q;k++)
                {
                        f[i][j][k]=feq_f(k,A[i][j][k],rho[i][j],u[i][j]);
                        g[i][j][k]=feq_g(k,B[i][j][k],phi[i][j],u[i][j]);
                        F[i][j][k]=f[i][j][k];
                        G[i][j][k]=g[i][j][k];
                }
        }
    }
}
// 计算相场方程平衡态分布函数
double feq_f(int k,double A,double rho,double u[2])
{
    double eu,uv;
    eu=e[k][0]*u[0]+e[k][1]*u[1];
    uv=u[0]*u[0]+u[1]*u[1];
    return w[k]*(A+rho*(3.0*eu+4.5*eu*eu-1.5*uv));
}
// 计算动量方程平衡态分布函数
double feq_g(int k,double B,double phi,double u[2])
{
    double eu,uv;
    eu=e[k][0]*u[0]+e[k][1]*u[1];
    uv=u[0]*u[0]+u[1]*u[1];
    return w[k]*(B+phi*(3.0*eu+4.5*eu*eu-1.5*uv));
}
void collision()
{
    // 碰撞
    for(int i=0;i<=NX;i++)
    {
        for(int j=0;j<=NY;j++)
        {
            if(solid_flag[i][j]==0)
            {
                for(int k=0;k<Q;k++)
                {
                        f_temp[i][j][k]=f[i][j][k]+(feq_f(k,A[i][j][k],rho[i][j],
u[i][j])-f[i][j][k])/tau_f[i][j]
                                +(1-1.0/(2.0*tau_f[i][j]))*w[k]*((3*(e[k][0]-
```

```
u[i][j][0])+9 * (e[k][0] * u[i][j][0]+e[k][1] * u[i][j][1]) * e[k][0]) * force_s[i][j][0]+
(3 * (e[k][1]-u[i][j][1])+9 * (e[k][0] * u[i][j][0]+e[k][1] * u[i][j][1]) * e[k][1]) *
force_s[i][j][1]);
                        g_temp[i][j][k]=g[i][j][k]+(feq_g(k,B[i][j][k],phi[i][j],
u[i][j])-g[i][j][k])/tau_g;
                    }
                }
            }
        }
    }
    void streaming()
    {
        //迁移
        for(int i=0;i<=NX;i++)
        {
            for(int j=0;j<=NY;j++)
            {
                if(solid_flag[i][j]==0)
                {
                    for(int k=0;k<Q;k++)
                    {
                        ip=(i-e[k][0]+NX+1) % (NX+1);
                        jp=j-e[k][1];
                        F[i][j][k]=f_temp[ip][jp][k];
                        G[i][j][k]=g_temp[ip][jp][k];
                    }
                    for(int k=0;k<Q;k++)
                    {
                        ip=(i-e[k][0]+NX+1) % (NX+1);
                        jp=j-e[k][1];
                        if(solid_flag[ip][jp]==1)
                        {
                            if(jp==NY)
                            {
                                F[i][j][k]=f_temp[i][j][opp[k]]+6.0 * w[k] *
rho[i][j] * (e[k][0] * U);
                            }
                            if(jp==0)
                            {
                                F[i][j][k]=f_temp[i][j][opp[k]]-6.0 * w[k] *
rho[i][j] * (e[k][0] * U);
```

```
                                        }
                            G[i][j][k]=g_temp[i][j][opp[k]];
                        }
                    }
                }
            }
        }

    //计算相关参数
    void cal_parameter()
    {
        for(int i=0;i<=NX;i++)
        {
            for(int j=0;j<=NY;j++)
            {
                if(solid_flag[i][j]==0)
                {
                    first_phi_x[i][j]=(phi[(i+1+NX+1) % (NX+1)][j]-phi[(i-1+NX
+1) % (NX+1)][j])/3+(phi[(i+1+NX+1) % (NX+1)][j+1]-phi[(i-1+NX+1) %
(NX+1)][j-1])/12+(phi[(i+1+NX+1) % (NX+1)][j-1]-phi[(i-1+NX+1) % (NX+1)]
[j+1])/12;
                    first_phi_y[i][j]=(phi[i][j+1]-phi[i][j-1])/3+(phi[(i+1+NX+1)
% (NX+1)][j+1]-phi[(i-1+NX+1) % (NX+1)][j-1])/12+(phi[(i-1+NX+1) % (NX+
1)][j+1]-phi[(i+1+NX+1) % (NX+1)][j-1])/12;
                    second_phi[i][j]=(4 * (phi[(i+1+NX+1) % (NX+1)][j]+phi[(i-1
+NX+1) % (NX+1)][j]+phi[i][j+1]+phi[i][j-1])+phi[(i+1+NX+1) % (NX+1)][j
+1]+phi[(i-1+NX+1) % (NX+1)][j-1]+phi[(i+1+NX+1) % (NX+1)][j-1]+phi[(i-
1+NX+1) % (NX+1)][j+1]-20 * phi[i][j])/6;
                    miu[i][j]=Aa * phi[i][j] * (phi[i][j] * phi[i][j]-1)-kappa *
second_phi[i][j];
                    pressure[i][j]=rho[i][j]/3+phi[i][j] * miu[i][j];
                    force_s[i][j][0]=miu[i][j] * first_phi_x[i][j];
                    force_s[i][j][1]=miu[i][j] * first_phi_y[i][j];
                    for(int k=0;k<Q;k++)
                    {
                        if(k==0)
                        {
                            A[i][j][k]=(rho[i][j]-3 * (1-w[k]) * pressure[i][j])/w[k];
                            B[i][j][k]=(phi[i][j]-3 * (1-w[k]) * gamma * miu[i][j])/
w[k];
```

```
                    }
                    else
                    {
                        A[i][j][k]=3 * pressure[i][j];
                        B[i][j][k]=3 * gamma * miu[i][j];
                    }
                }
            }
        }
    }

// 计算宏观量
void cal_macroscopic()
{
    for(int i=0;i<=NX;i++)
    {
        for(int j=0;j<=NY;j++)
        {
            if(solid_flag[i][j]==0)
            {
                u0[i][j][0]=u[i][j][0];
                u0[i][j][1]=u[i][j][1];
                rho[i][j]=0;
                phi[i][j]=0;
                u[i][j][0]=0;
                u[i][j][1]=0;
                for(int k=0;k<Q;k++)
                {
                    f[i][j][k]=F[i][j][k];
                    g[i][j][k]=G[i][j][k];
                    rho[i][j]+=f[i][j][k];
                    phi[i][j]+=g[i][j][k];
                    u[i][j][0]+=e[k][0] * f[i][j][k];
                    u[i][j][1]+=e[k][1] * f[i][j][k];
                }
                u[i][j][0]=(u[i][j][0]+0.5 * force_s[i][j][0])/rho[i][j];
                u[i][j][1]=(u[i][j][1]+0.5 * force_s[i][j][1])/rho[i][j];
            }
        }
    }
}
```

```cpp
}

void output(int m)
{
    ostringstream name;
    name<<"Laplace Law_"<<setfill('0')<<setw(6)<<m<<". dat";
    ofstream out(name. str(). c_str());
    out <<"Title=\" Droplet\"\n"
        <<"VARIABLES=\" X\",\" Y\",\" rho\",\" phi\",\" U\",\" V\",\" P\"\n "<<"
  ZONE T=\" BOX\",I="
        <<NX+1<<",J="<<NY+1<<",F=POINT "<<endl;
    for(j=0;j <=NY;j++)
    {
        for(i=0;i <=NX;i++)
        {
            out <<double(i)<<" "
                <<double(j)<<" "
                <<rho[i][j]<<" "
                <<phi[i][j]<<" "
                <<u[i][j][0]<<" "
                <<u[i][j][1]<<" "
                <<pressure[i][j]<<endl;
        }
    }
}
void Error()
{
    double temp1=0. 0;
    double temp2=0. 0;
    for(i=1;i<NX;i++)
    {
        for(j=1;j<NY;j++)
        {
            temp1+=((u[i][j][0]-u0[i][j][0]) * (u[i][j][0]-u0[i][j][0])+
                (u[i][j][1]-u0[i][j][1]) * (u[i][j][1]-u0[i][j][1]));
            temp2+=(u[i][j][0] * u[i][j][0]+u[i][j][1] * u[i][j][1]);
        }
    }
    temp1=sqrt(temp1);
    temp2=sqrt(temp2);
    error=temp1/(temp2+1e-30);
}
```

5.1.5 结果展示与分析

本节共模拟了 Ca 为 0.05、0.1、0.15，0.2、0.25、0.3 共六种工况下剪切流场内的液滴形变行为，图 5-3 则给出了这六种工况下的液滴达到稳态形变时的相界面轮廓图。可以看出随着 Ca 数的增加，液滴形变程度增大，这一现象与其他实验结果一致[1]。并且，由图 5-4 给出的泰勒形变参数 D 随 Ca 数变化可以发现，泰勒形变参数 D 随 Ca 数变化呈线性关系，且 $D = 1.44Ca$，这与前人基于 VOF 方法[8]模拟所得的结果类似。此外，由图 5-5 给出的剪切流场下乳液形变过程的典型速度分布可以看出，远离液滴的地方，流场呈基本的简单剪切流动模式，在乳液界面附近，流动速度与界面相切，而外部施加的剪切流和表面张力驱动流之间的竞争使得乳液内部产生了一个封闭的涡流运动。

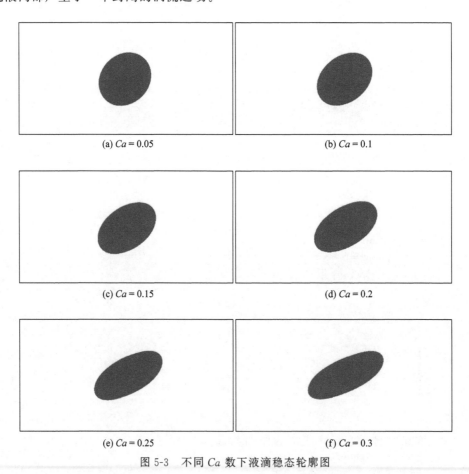

(a) $Ca = 0.05$ (b) $Ca = 0.1$

(c) $Ca = 0.15$ (d) $Ca = 0.2$

(e) $Ca = 0.25$ (f) $Ca = 0.3$

图 5-3 不同 Ca 数下液滴稳态轮廓图

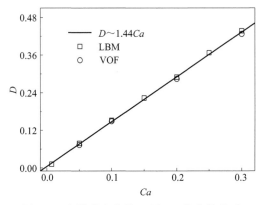

图 5-4　泰勒形变参数 D 随 Ca 数变化关系

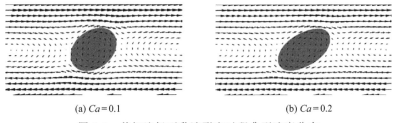

(a) $Ca=0.1$　　　　　　　　　　(b) $Ca=0.2$

图 5-5　剪切流场下乳液形变过程典型速度分布

5.2　二维 Rayleigh-Taylor 不稳定性流动模拟

5.2.1　引言

Rayleigh-Taylor 不稳定性（Rayleigh-Taylor instability，RTI）流动是一类经典的两相界面不稳定现象，通常发生于重力场中低密度流体支撑高密度流体时的情况。这一非稳定的密度分层现象经外界扰动后会发生高密度流体向下移动和低密度流体向上移动的两相相互侵入行为，并将在两相界面处引发强烈的湍流混合行为。RTI 问题在两相流基础研究和工程应用（如惯性约束聚变、气象学）中广泛存在，因此其长期以来一直备受多相流领域研究人员的关注。此外，RTI 的两相界面演化行为具有强烈的非线性特性，因此，其也成为检验两相流体动力学行为模型刻画界面演化能力的重要算例。

5.2.2 物理模型

【例题 5-2】 如图 5-6 所示，一尺寸为 $Lx \times Ly$ 的腔体
内部上下层分别放有密度 ρ_A 和 ρ_B 的流体，且 $\rho_A > \rho_B$，这
一不稳定的密度分层情况受到扰动后，腔内上部密度大的
流体在重力 $g = (0, -g)$ $(g = 9.8\,\text{m/s}^2)$ 的作用下向下运动
并侵入密度小的流体内，逐渐形成 RTI 流动。这里，描述
RTI 的两个无量纲参数分别为雷诺数和阿特伍德数：

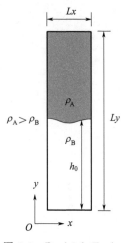

$$Re = \frac{L_w \sqrt{AgL_w/(1+A)}}{\nu} \tag{5-11}$$

$$A = \frac{\rho_A - \rho_B}{\rho_A + \rho_B} \tag{5-12}$$

式中，L_w 为特征长度，本案例中取 L_w 为腔体宽度
$(L_w = Lx)$；ν 为流体运动黏度。

图 5-6　Rayleigh-Taylor
不稳定性流动示意图

5.2.3 数学模型

本节仍采用基于相场理论的格子 Boltzmann 方法模拟上述 Rayleigh-Taylor 不
稳定性流动，描述两相流体流动的控制方程仍为不可压缩黏性流体 Navier-Stokes
方程，即式(5-4) 和式(5-5)。相界面演化则采用 Allen-Cahn 方程（Allen-Cahn
Equation，ACE)[9] 描述：

$$\frac{\partial \phi}{\partial t} + \nabla \cdot (\phi u) = \nabla \cdot [M(\nabla \phi - \Theta n)] \tag{5-13}$$

相比于 Cahn-Hilliard 方程（Cahn-Hilliard Equation，CHE）而言，ACE 仅为
二阶偏微分方程，因此更易于求解。式中，M 为迁移率，$n = \nabla \phi / |\nabla \phi|$ 是界面法向
量，参数 Θ 定义为 $\Theta = -4(\phi - \phi_A)(\phi - \phi_B)/W$，$\phi_A$ 和 ϕ_B 分别为图 5-6 中上、下
层流体对应的序参数，W 则是两相界面宽度。

本节模拟区域宽 $Lx = L_w$，高 $Ly = 4L_w$，左右两侧为周期边界条件，上下为
固体边界，且采用半步反弹边界处理格式，两相界面位置初始化为 $h_0 = 2L_w +$
$0.05L_w \cos(2\pi x/L_w)$，相应序参数的分布设置为 $\phi(x, y) = \tanh[2(y - h_0)/W]$，
这可以保证序参数在两相界面处的连续性。

本节模拟计算了 $A = 0.1$，$Re = 3000$ 工况条件下的 Rayleigh-Taylor 不稳定性
流动过程界面演化行为，并给出了不同无量纲时间 $t^* (t^* = t/t_0)$ 下的两相界面位
置，这里，t 为模拟时间，t_0 为时间尺度且 $t_0 = (L_w/Ag)^{1/2}$。

5.2.4 程序设计与运算

本节基于相场格子 Boltzmann 方法的 Rayleigh-Taylor 不稳定性流动问题求解由 Microsoft Visual Studio 2019 Community 软件完成，其计算流程仍如图 5-2 所示。

程序示例：

```cpp
#include <iostream>
#include <cmath>
#include <cstdlib>
#include <iomanip>
#include <fstream>
#include <sstream>
#include <string>
using namespace std;
const int Q=9;                       // D2Q9
const int NX=256;                    // x方向网格数
const int NY=1024;                   // y方向网格数
double alpha1=-2.0;
double alpha2=2.0;
double dt=1.0;
//MRT LB格式
int e[Q][2]={ { 0,0 },{ 1,0 },{ 0,1 },{ -1,0 },{ 0,-1 },{ 1,1 },{ -1,1 },{ -1,-1 },
{ 1,-1 } };
double w[Q]={ 4.0/9,1.0/9,1.0/9,1.0/9,1.0/9,1.0/36,1.0/36,1.0/36,1.0/36 };
int opp[Q]={ 0,3,4,1,2,7,8,5,6 };
double u0_0[2]={ 0,0 };              // 0速度
double gravity[2]={ 0,-6.25e-6 };    // 重力加速度
double Mc=0.01;                      // 迁移率
double tau_f=3.0 * Mc+0.5;
double niu_init=0.1;                 // 运动黏度
double tau_init=3.0 * niu_init+0.5;
double M[Q][Q]={ 1,1,1,1,1,1,1,1,1,
-4,-1,-1,-1,-1,2,2,2,2,
4,-2,-2,-2,-2,1,1,1,1,
0,1,0,-1,0,1,-1,-1,1,
0,-2,0,2,0,1,-1,-1,1,
0,0,1,0,-1,1,1,-1,-1,
0,0,-2,0,2,1,1,-1,-1,
0,1,-1,1,-1,0,0,0,0,
```

```
0,0,0,0,0,1,-1,1,-1 };
double INVM[Q][Q]={ 1.0/9,-1.0/9,1.0/9,0,0,0,0,0,0,0,
1.0/9,-1.0/36,-1.0/18,1.0/6,-1.0/6,0,0,1.0/4,0,
1.0/9,-1.0/36,-1.0/18,0,0,1.0/6,-1.0/6,-1.0/4,0,
1.0/9,-1.0/36,-1.0/18,-1.0/6,1.0/6,0,0,1.0/4,0,
1.0/9,-1.0/36,-1.0/18,0,0,-1.0/6,1.0/6,-1.0/4,0,
1.0/9,1.0/18,1.0/36,1.0/6,1.0/12,1.0/6,1.0/12,0,1.0/4,
1.0/9,1.0/18,1.0/36,-1.0/6,-1.0/12,1.0/6,1.0/12,0,-1.0/4,
1.0/9,1.0/18,1.0/36,-1.0/6,-1.0/12,-1.0/6,-1.0/12,0,1.0/4,
1.0/9,1.0/18,1.0/36,1.0/6,1.0/12,-1.0/6,-1.0/12,0,-1.0/4 };
double LAM[Q]={ 1.0,1.8,1.8,1.0/tau_f,1.0/1.2,1.0/tau_f,1.0/1.2,1.0,1.0 };
//{ 1.0,1.0/1.5,1.0/1.1,1.0,1.0/1.1,1.0,1.0/1.1,1.0/0.8,1.0/0.8 };
double LAMv[Q]={ 1.0,1.0/1.2,1.0/1.2,1.5,1.0,1.5,1.0,1.0/tau_init,
1.0/tau_init };
int Solid[NX+1][NY+1];
double u[NX+1][NY+1][2];                        // 当前时刻速度
double u0[NX+1][NY+1][2];                       // 上一时刻速度
double phi[NX+1][NY+1];                         // 当前时刻序参数
double phi0[NX+1][NY+1];                        // 上一时刻序参数
double rho[NX+1][NY+1];                         // 密度
double p[NX+1][NY+1];
double Pressure[NX+1][NY+1];
double niu[NX+1][NY+1];                         // 运动黏度
double tau_g[NX+1][NY+1];                       // NS 方程松弛时间
double miu[NX+1][NY+1];                         // 化学势
double Force[NX+1][NY+1][2];
double Force_s[NX+1][NY+1][2];
double Force_a[NX+1][NY+1][2];
double Force_b[NX+1][NY+1][2];                  // 体积力
double lambda[NX+1][NY+1];                      // 参数 Θ
double solid_flag[NX+1][NY+1];
double gra_phi_x[NX+1][NY+1];
double gra_phi_y[NX+1][NY+1];
double gra_rho_x[NX+1][NY+1];
double gra_rho_y[NX+1][NY+1];
double Lap_phi[NX+1][NY+1];
double Lap_miu[NX+1][NY+1];
double norm[NX+1][NY+1][2];                     // 界面法向量
double g[NX+1][NY+1][Q];                        // 流场速度分布函数
double g_temp[NX+1][NY+1][Q];
double f[NX+1][NY+1][Q];                        // 相场分布函数
```

```cpp
double f_temp[NX+1][NY+1][Q];
double G[NX+1][NY+1][Q];
double F[NX+1][NY+1][Q];
double mq[NX+1][NY+1][Q];                    // 相场矩空间
double mq_temp[NX+1][NY+1][Q];               // 碰撞后的相场矩空间分布函数
double Sq[NX+1][NY+1][Q];                    // 相场矩空间作用力项
int i,j,k,num;
double kappa,beta,xi,sigma,niu_g,niu_l,phi_l,phi_g,rho_g,rho_l,error;
double Height,wave_len,Re,Atwood;            // 初始高度,波动波长,雷诺数,Atwood 数
double bubble_top0,bubble_top,bubble_v0,bubble_v,bubble_a,spike_bot0,spike_bot,spike_v0,
spike_v,spike_a;                             // 上一时刻气泡高度,当前时刻气泡高度,
                                             // 上一时刻气泡速度,当前时刻气泡速度,
                                             // 当前时刻气泡加速度,


void init();
double s(int k,double u[2]);
double f_eq(int k,double phi,double u[2]);
double g_eq(int k,double p,double rho,double u[2]);
double mq_eq(int k,double phi,double u[2]);


void collision();                            // collision
void streaming();                            // streaming
void cal_macroscopic();                      // macroscopic parameters
void output(int m);                          // output
void Error();                                // calculation of errors
void Data_analysis();                        // 数据分析


int main()
{
    init();
    for(num=0;;num++)
    {
        if(num % 500==0)
        {
            cout <<"The "<<num<<"th computation result:"<<endl
                <<"The u,v of point(NX/2,NY/2) is:"<<setprecision(6)
                <<u[NX/2][NY/2][0]<<","<<u[NX/2][NY/2][1]<<endl;
            cout <<"The phi,rho of point(NX/2,NY/2) is:"<<setprecision(6)
                <<phi[NX/2][NY/2]<<","<<rho[NX/2][NY/2]<<endl;
            cout <<"The max relative error of uv is:"
                <<setiosflags(ios::scientific)<<error<<endl;
```

```
        / * if(num >=1000 && error<1.0e-6)
        {
        break;
        } * /
    }
    if(num % 2000==0)
    {
        Data_analysis();
        output(num);
    }
    collision();
    streaming();
    cal_macroscopic();
}
return 0;
}


void init()
{
    wave_len=NX * 1.0;
    rho_l=1.0;
    rho_g=0.8182;
    phi_l=1.0;
    phi_g=0.0;
    niu_l=0.1;
    niu_g=0.1;                    // 10.0 * niu_l;
    sigma=5e-5;                   // 表面张力
    xi=4.0;                       // 界面厚度
    kappa=1.5 * xi * sigma;
    beta=12.0 * sigma/xi;
    bubble_top0=bubble_top=2.0 * NX+0.05 * NX;
    bubble_v0=bubble_v=bubble_a=0.0;
    spike_bot0=spike_bot=2.0 * NX-0.05 * NX;
    spike_v0=spike_v=spike_a=0.0;

    for(int i=0;i<=NX;i++)
    {
        for(int j=0;j<=NY;j++)
        {
            if(j==0 || j==NY)
                Solid[i][j]=1;
            else if(j==1 || j==NY-1)
```

```
                    Solid[i][j]=-1;
            else
                    Solid[i][j]=0;

            if(Solid[i][j] ！=1)
            {
                    Height=2.0*NX+0.05*NX*cos(2.0*3.14159*i/wave_len);
                    phi[i][j]=tanh(2.0*(j-Height)/xi);
            }
            else
            {
                    phi[i][j]=phi_l;
                    u[i][j][0]=0;
                    u[i][j][1]=0;
            }

            niu[i][j]=0.1029;
            tau_g[i][j]=3.0*niu[i][j]+0.5;
            rho[i][j]=phi[i][j]*(rho_l-rho_g)+rho_g;
            lambda[i][j]=4.0*phi[i][j]*(1.0-phi[i][j])/xi;

            Force_b[i][j][0]=0.0;
            Force_b[i][j][1]=rho[i][j]*gravity[1];

            for(int k=0;k<Q;k++)
            {
                    g[i][j][k]=g_eq(k,p[i][j],rho[i][j],u[i][j]);
                    f[i][j][k]=f_eq(k,phi[i][j],u[i][j]);
                    G[i][j][k]=g[i][j][k];
                    F[i][j][k]=f[i][j][k];
            }
        }
    }
    for(int i=0;i<=NX;i++)
    {
        for(int j=0;j<=NY;j++)
        {
            miu[i][j]=4.0*beta*phi[i][j]*(phi[i][j]-1.0)*(phi[i][j]-0.5)-kappa*
Lap_phi[i][j];
            Force_s[i][j][0]=miu[i][j]*gra_phi_x[i][j];
            Force_s[i][j][1]=miu[i][j]*gra_phi_y[i][j];
```

```
            }
        }

    }


    double s(int k,double u[2])
    {
        double eu,uv;
        eu=e[k][0] * u[0]+e[k][1] * u[1];
        uv=u[0] * u[0]+u[1] * u[1];
        return w[k] * (3.0 * eu+4.5 * eu * eu-1.5 * uv);
    }


    // function of f_eq
    double f_eq(int k,double phi,double u[2])
    {
        double eu;
        eu=e[k][0] * u[0]+e[k][1] * u[1];
        return w[k] * phi * (1.0+3.0 * eu);
    }


    double mq_eq(int k,double phi,double u[2])
    {
        switch(k)
        {
        case 0:return phi;break;
        case 1:return phi * alpha1;break;
        case 2:return phi * alpha2;break;
        case 3:return phi * (u[0]);break;
        case 4:return phi * (-u[0]);break;
        case 5:return phi * (u[1]);break;
        case 6:return phi * (-u[1]);break;
        case 7:return 0.0;break;
        case 8:return 0.0;break;
        }
    }


    // function of g_eq
    double g_eq(int k,double p,double rho,double u[2])
    {
        if(k==0)
```

```cpp
        {
            return 3.0 * p * (w[k]-1.0)+rho * s(k,u);
        }
        else
        {
            return 3.0 * p * w[k]+rho * s(k,u);
        }
    }


    void collision()
    {
        // 碰撞
        for(int i=0;i<=NX;i++)
        {
            for(int j=0;j<=NY;j++)
            {
                if(Solid[i][j] !=1)
                {
                    //Cal_M(tau_g[i][j]);
                    double sum_temp=0.0;
                    for(int k=0;k<Q;k++)
                    {
                        mq_temp[i][j][k]=mq[i][j][k]+LAM[k] * (mq_eq(k,
phi[i][j],u[i][j],k)-mq[i][j][k])+dt * (1-0.5 * LAM[k]) * Sq[i][j][k];
                        if(k==3 ‖ k==5)
                        {
                            mq_temp[i][j][k]+=(0.5 * LAM[k]-1) * LAM[k+1] *
(mq_eq(k+1,phi[i][j],u[i][j])-mq[i][j][k+1])+dt * (1-0.5 * (0.5 * LAM[k]-1) *
LAM[k+1]) * Sq[i][j][k+1];
                        }

                        double bracket2;
                        bracket2=(e[k][0] * Force[i][j][0]+e[k][1] * Force[i][j][1])
+(rho_l-rho_g) * (e[k][0] * u[i][j][0]+e[k][1] * u[i][j][1]) * (e[k][0] * gra_phi_x[i][j]
+e[k][1] * gra_phi_y[i][j]);
                        g_temp[i][j][k]=g[i][j][k]+(g_eq(k,p[i][j],rho[i][j],
u[i][j])-g[i][j][k])/tau_g[i][j]+(1.0-1.0/(2.0 * tau_g[i][j])) * w[k] * bracket2 * 3.0;
                    }
                    for(int k=0;k<Q;k++)
                    {
                        f_temp[i][j][k]=0;
```

```
                    for(int index=0;index<Q;index++)
                    {
                        f_temp[i][j][k]+=INVM[k][index] * mq_temp[i][j][index];
                    }
                    sum_temp+=f_temp[i][j][k];
                }
                for(int k=0;k<Q;k++)
                {
                    if(f_temp[i][j][k]<0)
                    {
                        f_temp[i][j][k]=(sum_temp > 0) ? (sum_temp/9.0) :0;
                    }
                }
            }
        }
    }
}


void streaming()
{
    //迁移
    for(int i=0;i <=NX;i++)
    {
        for(int j=0;j <=NY;j++)
        {
            if(Solid[i][j] ! =1)
            {
                for(int k=0;k<Q;k++)
                {
                    int im,jm;
                    im=(i-e[k][0]+NX+1) % (NX+1);
                    jm=(j-e[k][1]+NY+1) % (NY+1);
                    F[i][j][k]=f_temp[im][jm][k];
                    G[i][j][k]=g_temp[im][jm][k];
                }
            }
        }
    }
    for(int i=0;i <=NX;i++)
    {
        for(int j=0;j <=NY;j++)
        {
```

```
        if(Solid[i][j]==-1)// Solid[i][j]==-1
        {
                for(int k=1;k<Q;k++)
                {
                        int id=(i-e[k][0]+NX+1) % (NX+1);
                        int jd=(j-e[k][1]+NY+1) % (NY+1);
                        int ii=(i+e[k][0]+NX+1) % (NX+1);
                        int ji=(j+e[k][1]+NY+1) % (NY+1);
                        if(Solid[ii][ji] ! =1 && Solid[id][jd]==1)
                        {
                                //半步反弹
                                F[i][j][k]=f_temp[i][j][opp[k]];
                                G[i][j][k]=g_temp[i][j][opp[k]];
                        }
                }
        }
    }
}


// 计算宏观量
void cal_macroscopic()
{
    bubble_top0=bubble_top;
    spike_bot0=spike_bot;
    for(int i=0;i<=NX;i++)
    {
        for(int j=0;j<=NY;j++)
        {
            if(Solid[i][j] ! =1)
            {
                phi0[i][j]=phi[i][j];
                phi[i][j]=0;
                for(int k=0;k<Q;k++)
                {
                        f[i][j][k]=F[i][j][k];
                        phi[i][j]+=f[i][j][k];
                }
                niu[i][j]=0.1029;
                rho[i][j]=phi[i][j] * (rho_l-rho_g)+rho_g;

                if(phi[i][j]<0.5)
```

```
                    {
                        if(j > bubble_top)
                        {
                            bubble_top=j;
                        }
                    }
                    else
                    {
                        if(j<spike_bot)
                        {
                            spike_bot=j;
                        }
                    }

                    tau_g[i][j]=3.0 * niu[i][j]+0.5;
                    lambda[i][j]=4.0 * phi[i][j] * (1.0-phi[i][j])/xi;
                }
                if(_isnan(phi[i][j]))
                {
                    cout<<"Phi on x="<<i<<",y="<<j<<"is NaN"<<endl;
                    cout<<"U="<<u[i][j][0]<<",V="<<u[i][j][1]<<endl;
                    cout<<"rho="<<rho[i][j]<<",P="<<p[i][j]<<endl;
                    output(num);
                    system("pause");
                }
            }
        }
        bubble_v0=bubble_v;
        bubble_v=bubble_top-bubble_top0;
        bubble_a=bubble_v-bubble_v0;
        spike_v0=spike_v;
        spike_v=spike_bot-spike_bot0;
        spike_a=bubble_v-bubble_v0;
        //计算中心差分
        for(int i=0;i <=NX;i++)
        {
            for(int j=0;j <=NY;j++)
            {
                if(Solid[i][j]==0)
                {
                    int ip=(i+1+NX+1) % (NX+1);
                    int jp=(j+1+NY+1) % (NY+1);
```

```cpp
        int im=(i-1+NX+1) % (NX+1);
        int jm=(j-1+NY+1) % (NY+1);
        gra_phi_x[i][j]=(phi[ip][j]-phi[im][j])/3.0+(phi[ip][jp]-
phi[im][jm])/12.0+(phi[ip][jm]-phi[im][jp])/12.0;
        gra_phi_y[i][j]=(phi[i][jp]-phi[i][jm])/3.0+(phi[ip][jp]-
phi[im][jm])/12.0+(phi[im][jp]-phi[ip][jm])/12.0;
        Lap_phi[i][j]=(phi[ip][jp]+phi[ip][jm]+phi[im][jp]+phi[im]
[jm]+4.0 * phi[ip][j]+4.0 * phi[im][j]+4.0 * phi[i][jp]+4.0 * phi[i][jm]-20.0 *
phi[i][j])/6.0;
        norm[i][j][0]=gra_phi_x[i][j]/sqrt(pow(gra_phi_x[i][j],2.0)+
pow(gra_phi_y[i][j],2.0)+1e-30);
        norm[i][j][1]=gra_phi_y[i][j]/sqrt(pow(gra_phi_x[i][j],2.0)+
pow(gra_phi_y[i][j],2.0)+1e-30);
        gra_rho_x[i][j]=(rho[ip][j]-rho[im][j])/3.0+(rho[ip][jp]-
rho[im][jm])/12.0+(rho[ip][jm]-rho[im][jp])/12.0;
        gra_rho_y[i][j]=(rho[i][jp]-rho[i][jm])/3.0+(rho[ip][jp]-
rho[im][jm])/12.0+(rho[im][jp]-rho[ip][jm])/12.0;
    }
    if(Solid[i][j]==-1)
    {
        int jp=(j+1+NY+1) % (NY+1);
        int jm=(j-1+NY+1) % (NY+1);
        if(Solid[i][jp] ! =1 && Solid[i][jm]==1)
        {
            gra_phi_x[i][j]=gra_phi_x[i][jp];
            gra_phi_y[i][j]=gra_phi_y[i][jp];
            Lap_phi[i][j]=Lap_phi[i][jp];
            norm[i][j][0]=norm[i][jp][0];
            norm[i][j][1]=norm[i][jp][1];
            gra_rho_x[i][j]=gra_rho_x[i][jp];
            gra_rho_y[i][j]=gra_rho_y[i][jp];
        }
        else
        {
            gra_phi_x[i][j]=gra_phi_x[i][jm];
            gra_phi_y[i][j]=gra_phi_y[i][jm];
            Lap_phi[i][j]=Lap_phi[i][jm];
            norm[i][j][0]=norm[i][jm][0];
            norm[i][j][1]=norm[i][jm][1];
            gra_rho_x[i][j]=gra_rho_x[i][jm];
            gra_rho_y[i][j]=gra_rho_y[i][jm];
        }
```

```
                }
            }
        }

        for(int i=0;i<=NX;i++)
        {
            for(int j=0;j<=NY;j++)
            {
                if(Solid[i][j]!=1)
                {
                    u0[i][j][0]=u[i][j][0];
                    u0[i][j][1]=u[i][j][1];
                    p[i][j]=0;
                    u[i][j][0]=0;
                    u[i][j][1]=0;
                    miu[i][j]=4.0 * beta * phi[i][j] * (phi[i][j]-1.0) * (phi[i][j]-0.5)-
kappa * Lap_phi[i][j];
                    Force_s[i][j][0]=miu[i][j] * gra_phi_x[i][j];
                    Force_s[i][j][1]=miu[i][j] * gra_phi_y[i][j];
                    Force_b[i][j][0]=0.0;
                    Force_b[i][j][1]=rho[i][j] * gravity[1];
                    Force[i][j][0]=Force_s[i][j][0]+Force_b[i][j][0];
                    Force[i][j][1]=Force_s[i][j][1]+Force_b[i][j][1];
                    for(int k=0;k<Q;k++)
                    {
                        g[i][j][k]=G[i][j][k];
                        p[i][j]+=g[i][j][k];
                        u[i][j][0]+=e[k][0] * g[i][j][k];
                        u[i][j][1]+=e[k][1] * g[i][j][k];
                    }
                }
            }
        }

        for(int i=0;i<=NX;i++)
        {
            for(int j=0;j<=NY;j++)
            {
                if(Solid[i][j]!=1)
                {
                    if(Solid[i][j]==0)
                    {
```

```
                            int ip=(i+1+NX+1) % (NX+1);
                            int jp=(j+1+NY+1) % (NY+1);
                            int im=(i-1+NX+1) % (NX+1);
                            int jm=(j-1+NY+1) % (NY+1);
                            Lap_miu[i][j]=(miu[ip][jp]+miu[ip][jm]+miu[im][jp]+
           miu[im][jm]+4.0 * miu[ip][j]+4.0 * miu[im][j]+4.0 * miu[i][jp]+4.0 * miu[i]
           [jm]-20.0 * miu[i][j])/6.0;
                        }
                        else
                        {
                            int jp=(j+1+NY+1) % (NY+1);
                            int jm=(j-1+NY+1) % (NY+1);
                            if(Solid[i][jp] ! =1 && Solid[i][jm]==1)
                            {
                                Lap_miu[i][j]=Lap_miu[i][jp];
                            }
                            else
                            {
                                Lap_miu[i][j]=Lap_miu[i][jm];
                            }
                        }
                        // phiA
                        u[i][j][0]=(u[i][j][0]+0.5 * Force[i][j][0])/rho[i][j];
                        u[i][j][1]=(u[i][j][1]+0.5 * Force[i][j][1])/rho[i][j];
                        if(Solid[i][j]==-1)
                        {
                            u[i][j][0]=0.0;
                            u[i][j][1]=0.0;
                        }
                        p[i][j]=((p[i][j]-g[i][j][0])+0.5 * (rho_l-rho_g) * (u[i][j][0] *
           gra_phi_x[i][j]+u[i][j][1] * gra_phi_y[i][j])+rho[i][j] * s(0,u[i][j]))/3.0/(1-w[0]);


                        // phiA
                        Pressure[i][j]=p[i][j]-kappa * phi[i][j] * Lap_phi[i][j]-kappa * 0.5
           * (gra_phi_x[i][j] * gra_phi_x[i][j]+gra_phi_y[i][j] * gra_phi_y[i][j])
                                + phi[i][j] * beta * (2 * (phi[i][j]-phi_l) * (phi[i][j]-phi_g) *
           (phi[i][j]-phi_g)+2 * (phi[i][j]-phi_g) * (phi[i][j]-phi_l) * (phi[i][j]-phi_l))
                                - beta * (phi[i][j]-phi_l) * (phi[i][j]-phi_l) * (phi[i][j]-phi_g) *
           (phi[i][j]-phi_g);


                        // phiA
```

```
                        Force_a[i][j][0]=(rho_l-rho_g)/(phi_l-phi_g) * Mc * Lap_miu[i][j]
* u[i][j][0];
                        Force_a[i][j][1]=(rho_l-rho_g)/(phi_l-phi_g) * Mc * Lap_miu[i][j]
* u[i][j][1];
                }
            }
        }
        for(int i=0;i<=NX;i++)
        {
            for(int j=0;j<=NY;j++)
            {
                if(Solid[i][j]!=1)
                {
                    for(int k=0;k<Q;k++)
                    {
                        switch(k)
                        {
                        case 0:
                            Sq[i][j][k]=0.0;
                            break;
                        case 1:
                            Sq[i][j][k]=0.0;
                            break;
                        case 2:
                            Sq[i][j][k]=0.0;
                            break;
                        case 3:
                            Sq[i][j][k]=lambda[i][j] * norm[i][j][0]/3.0;
                            break;
                        case 4:
                            Sq[i][j][k]=0.0;
                            break;
                        case 5:
                            Sq[i][j][k]=lambda[i][j] * norm[i][j][1]/3.0;
                            break;
                        case 6:
                            Sq[i][j][k]=0.0;
                            break;
                        case 7:
                            Sq[i][j][k]=0.0;
                            break;
```

```cpp
                            case 8:
                                Sq[i][j][k]=0.0;
                                break;
                        }
                    }
                }
            }
        }
        // 矩变换
        for(int i=0;i<=NX;i++)
        {
            for(int j=0;j<=NY;j++)
            {
                if(Solid[i][j] !=1)
                {
                    for(int k=0;k<Q;k++)
                    {
                        mq[i][j][k]=0;
                        for(int index=0;index<Q;index++)
                        {
                            mq[i][j][k]+=M[k][index]*f[i][j][index];
                        }
                    }
                }
            }
        }
    }
    void output(int m)
    {
        ostringstream name;
        name<<"RTI_"<<setfill('0')<<setw(6)<<m<<". dat";
        ofstream out(name. str(). c_str());
        out <<"Title=\" RTI_\"\n"
            <<"VARIABLES=\" X\",\" Y\",\" phi\",\" U\",\" V\",\" rho\",\" Niu\",
\" P1\"\n"<<"ZONE T=\" BOX\",I="
            <<NX+1<<",J="<<NY+1<<",F=POINT "<<endl;
        for(j=0;j<=NY;j++)
        {
            for(i=0;i<=NX;i++)
            {
                out <<i<<" "
                    <<j<<" "
```

```cpp
                <<phi[i][j]<<" "
                <<u[i][j][0]<<" "
                <<u[i][j][1]<<" "
                <<rho[i][j]<<" "
                <<niu[i][j]<<" "
                <<p[i][j]<<" "<<endl;
            }
        }
    }
    void Error()
    {
        double temp1=0.0;
        double temp2=0.0;
        double temp3=0.0;
        double temp4=0.0;
        double ux_error=0.0;
        for(i=1;i<NX;i++)
        {
            for(j=1;j<NY;j++)
            {
                temp1+=((u[i][j][0]-u0[i][j][0])*(u[i][j][0]-u0[i][j][0])+
                    (u[i][j][1]-u0[i][j][1])*(u[i][j][1]-u0[i][j][1]));

                temp2+=(u[i][j][0]*u[i][j][0]+u[i][j][1]*u[i][j][1]);
            }
        }
        temp1=sqrt(temp1);
        temp2=sqrt(temp2);
        error=temp1/(temp2+1e-30);
    }
    void Data_analysis()
    {
        ostringstream name;
        name<<"Data_analysis. txt";
        ofstream out(name. str(). c_str(),ios::app);
        if(out. is_open())
        {
            out<<num<<" "<<spike_bot<<" "<<spike_v<<" "<<spike_a<<" "
<<bubble_top<<" "<<bubble_v<<" "<<bubble_a<<endl;
            out. close();
        }
    }
```

5.2.5 结果展示与分析

上层重质流体两侧的反卷和界面破裂是 RTI 界面演变过程中的两个典型现象。图 5-7 给出了 $Re=3000$ 工况下的两相界面演化过程，可以看到，由于重力的作用，上层重质流体逐渐落入下层轻质流体中而形成"尖峰"，而较轻的流体则向上涌动补充空隙形成"气泡"。这两个涡流的尺寸逐渐增大并掉入尾流，导致在尾部出现一对次级涡流。最终，界面经历了混乱的破裂，这导致了系统中大量离散小液滴的形成。图 5-8 则定量对比了 RTI 界面演变过程的下层流体"气泡"和上层流体"尖峰"位置变化，可以看到本节模拟结果与前人实验结果[10] 吻合较好。

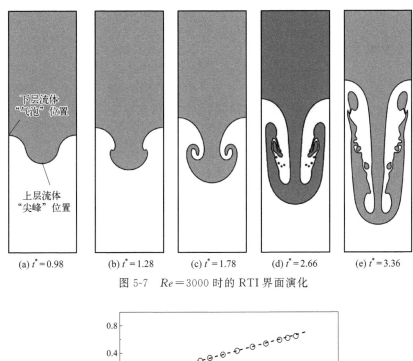

(a) $t^*=0.98$　　(b) $t^*=1.28$　　(c) $t^*=1.78$　　(d) $t^*=2.66$　　(e) $t^*=3.36$

图 5-7　$Re=3000$ 时的 RTI 界面演化

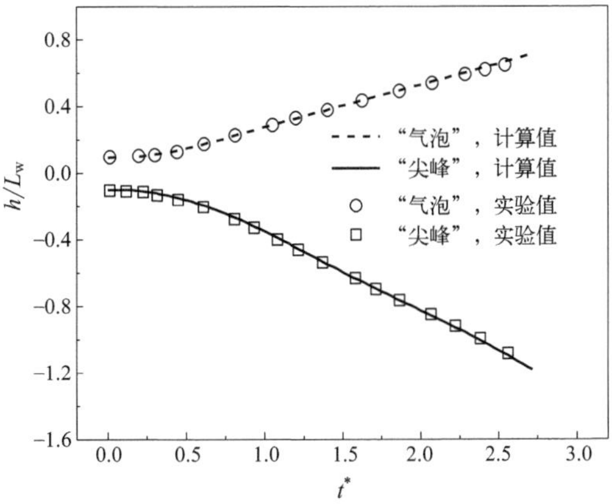

图 5-8　$Re=3000$ 时 RTI 过程的气泡和尖峰位置位移变化图

5.3 单液滴蒸发模拟

5.3.1 引言

液滴蒸发是指液滴表面发生气液蒸发相变的物理过程，其在自然界和工程领域中广泛存在，如农作物枝叶表面农药的蒸发、发动机内雾化液体燃料的燃烧等。研究液滴蒸发过程的多相流动与传热特性，不仅有助于加深对气液两相流相变传热的科学认知，也可为相关工程领域工艺过程的改进提供指导。

5.3.2 物理模型

【例题 5-3】 如图 5-9 所示，一边长为 L 的正方形区域内放有一直径为 D_0 的液滴，液滴初始温度为 T_0，周围蒸气温度为 T_h，且 $T_h > T_0$，此时液滴会因周围蒸气加热作用而在表面上发生蒸发相变现象。本节将通过数值模拟的方法来研究液滴在蒸发过程中的直径演变规律，并探索液滴热导率 λ 对液滴蒸发速率的影响。

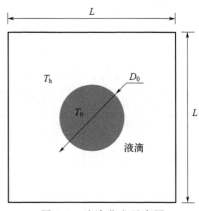

图 5-9 液滴蒸发示意图

5.3.3 数学模型

本节将耦合伪势多相格子 Boltzmann 方法和有限差分方法（finite difference method，FDM）开展液滴蒸发行为的数值计算[11]，液滴蒸发过程的控制方程包括质量、动量和能量守恒方程，即

$$\partial_t \rho + \nabla \cdot (\rho \boldsymbol{u}) = 0 \tag{5-14a}$$

$$\partial_t (\rho \boldsymbol{u}) + \nabla \cdot (\rho \boldsymbol{uu}) = -\nabla \cdot \boldsymbol{P} + \nabla \cdot \{\mu[\nabla \boldsymbol{u} + (\nabla \boldsymbol{u})^T]\} \tag{5-14b}$$

$$\rho c_v (\partial_t T + \boldsymbol{u} \cdot \nabla T) = \nabla \cdot (\lambda \nabla T) - T \left(\frac{\partial p_{EOS}}{\partial T}\right)_\rho \nabla \cdot \boldsymbol{u} \tag{5-14c}$$

式中，$\boldsymbol{P}$ 为压力张量；c_v 为两相定容比热容；p_{EOS} 为两相状态方程中的压力。需要注意的是，能量守恒方程（5-14c）由熵平衡方程推导获得[12]，且方程最后一项为气液蒸发相变的驱动力，这里的真实气体状态方程选取 Peng-Robinson（P-R）EOS，其表达为

$$p_{EOS} = \frac{\rho RT}{1-b\rho} - \frac{a\varepsilon(T)\rho^2}{1+2b\rho-b^2\rho^2} \tag{5-15}$$

其中：

$$\varepsilon(T) = [1+(0.37464+1.54226\omega-0.26992\omega^2)(1-\sqrt{T/T_c})]^2 \tag{5-16}$$

式中，$\omega = 0.344$，为偏心因子；$T_c = 0.17017a/bR$，为临界温度；且 $R = 1$，$a = 2/49$，$b = 2/21$。

单液滴蒸发过程的两相流动行为由伪势格子 Boltzmann 方法求解，其演化方程仍包括碰撞和迁移两步，即

$$f_i^*(\boldsymbol{x},t) = -\frac{1}{\tau}[f_i(\boldsymbol{x},t)-f_i^{eq}(\boldsymbol{x},t)]+\left(1-\frac{1}{2\tau}\right)\delta_t F_i(\boldsymbol{x},t) \tag{5-17}$$

$$f_i(\boldsymbol{x}+\boldsymbol{e}_i\delta_t, t+\delta_t) = f_i^*(\boldsymbol{x},t) \tag{5-18}$$

上述演化方程能够复现气液两相流动行为的关键在于作用力项 F_i 中的两相间作用力 $\boldsymbol{F}$，该作用力 $\boldsymbol{F}$ 表达为

$$\boldsymbol{F} = -G\boldsymbol{\Psi}(\boldsymbol{x})\sum_i w(|\boldsymbol{e}_i|^2)\boldsymbol{\Psi}(\boldsymbol{x}+\boldsymbol{e}_i\delta t)\boldsymbol{e}_i \tag{5-19}$$

式中，$\boldsymbol{\Psi}(\boldsymbol{x})$ 即为伪势，且 $\boldsymbol{\Psi} = [2(p_{EOS}-\rho c_s^2)/G]^{1/2}$；$G$ 为相互作用强度。施加这一两相间作用力 $\boldsymbol{F}$ 即可自发实现两相界面和两相分离而无须额外追踪相界面演化，这一优势也使得伪势格子 Boltzmann 方法在多相流动模拟领域获得了广泛关注。

此外，本节采用有限差分方法求解液滴蒸发相变过程的传热控制方程（5-14c）。事实上，该方程也可从格子 Boltzmann 方法框架出发求解，但由于采用格子 Boltzmann 方法求解该方程需要作不少修正才能完全由格子 Boltzmann 演化方程恢复得到原始控制方程，考虑计算过程的精度和可行性，本节选取 FDM 方法离散方程（5-14c），则该方程可改写为

$$\partial_t T = -\boldsymbol{u}\cdot\nabla T+\frac{1}{\rho c_v}\nabla\cdot(\lambda\nabla T)-\frac{T}{\rho c_v}\left(\frac{\partial p_{EOS}}{\partial T}\right)_\rho\nabla\cdot\boldsymbol{u} \tag{5-20}$$

进一步地，可采用四阶 Runge-Kutta 格式[11] 对上述微分方程进行求解。

本节计算区域选取 $L = 240$，气液两相密度分别为 $\rho_l = 7.2$、$\rho_v = 0.2$，液滴初始温度为 $T_0 = 0.8T_c$，周围蒸气温度为 $T_h = T_c$，这里 T_c 为临界温度，定容比热容取为 $c_v = 5.0$，液滴热导率 λ 取 0.4 和 0.6。

5.3.4　程序设计与运算

本节基于伪势格子 Boltzmann 方法的单液滴蒸发问题求解由 Microsoft Visual Studio 2019 Community 软件完成，其计算流程如图 5-10 所示。需要说明的是，由于液滴蒸发过程涉及热量传递行为，因此本节例题的计算流程相比前两节增加了温

度更新步骤。

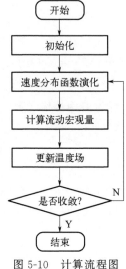

图 5-10　计算流程图

程序示例：

```
#include <ctime>
#include <iostream>
#include <cmath>
#include <cstdlib>
#include <iomanip>
#include <fstream>
#include <sstream>
#include <string>
using namespace std;
const int Time=800000;
const int Q=9;                    // D2Q9
const int NX=240;                 // x 方向网格数
const int NY=240;                 // y 方向网格数
const int X0=NX/2;                // 液滴圆心横坐标
const int Y0=NY/2;                // 液滴圆心纵坐标
const int R0=30;                  // 液滴半径
const double E=2.718281828;
const double c0=6.0;
const double Gg=-1.0;
const double rho0=1.0;
const double G_ads=8.0;
const double a=2.0/49;
```

```
const double b=2.0/21；
const double omega=0.344；
const double Tc=0.07292；                    // 临界温度
const double Tr=0.8；
const double rho_l=7.2；                      // 液滴密度
const double rho_g=0.2；                      // 蒸气密度
const double niu_l=1.0/4；                    // 液滴运动黏度
const double niu_g=1.0/4；                    // 蒸气运动黏度
const double beta=1.16；
const double c_v=5.0；                        // 定压比热容
const double chi=0.01；                       // 热扩散系数
const double delta=0.2；
// MRT LB 格式
int e[Q][2]={{0,0},{1,0},{0,1},{-1,0},{0,-1},{1,1},{-1,1},{-1,-1},{1,-1}}；
int opp[Q]={0,3,4,1,2,7,8,5,6}；
double w[Q]={4.0/9,1.0/9,1.0/9,1.0/9,1.0/9,1.0/36,1.0/36,1.0/36,1.0/36}；
double w_o[Q]={0,2.0,2.0,2.0,2.0,1.0/2,1.0/2,1.0/2,1.0/2}；
double rho[NX+1][NY+1]；
double niu[NX+1][NY+1]；
double lambda[NX+1][NY+1]；
double tau[NX+1][NY+1]；
double T[NX+1][NY+1]；
double T0[NX+1][NY+1]；
double h1[NX+1][NY+1]；
double h2[NX+1][NY+1]；
double h3[NX+1][NY+1]；
double h4[NX+1][NY+1]；
double h10[NX+1][NY+1]；
double h20[NX+1][NY+1]；
double h30[NX+1][NY+1]；
double psi[NX+1][NY+1]；
double psi2[NX+1][NY+1]；
double psi_s[NX+1][NY+1]；
double alpha[NX+1][NY+1]；
double pressure[NX+1][NY+1]；
double solid[NX+1][NY+1]；
double u[NX+1][NY+1][2]；
double u0[NX+1][NY+1][2]；
double u_temp[NX+1][NY+1][2]；
double u_real[NX+1][NY+1][2]；
double f[NX+1][NY+1][Q]；
double f_temp[NX+1][NY+1][Q]；
```

```
double F[NX+1][NY+1][Q];
double force[NX+1][NY+1][2];
double force_ads[NX+1][NY+1][2];
double force_g[NX+1][NY+1][2];
double force_tol[NX+1][NY+1][2];
double p_T[NX+1][NY+1];
double div_u[NX+1][NY+1];
double lambda_T[NX+1][NY+1];
double d_lambda_x[NX+1][NY+1];
double d_lambda_y[NX+1][NY+1];
double d_T_x[NX+1][NY+1];
double d_T_y[NX+1][NY+1];
double d_h1_x[NX+1][NY+1];
double d_h1_y[NX+1][NY+1];
double Laplace_T[NX+1][NY+1];
double Laplace_h[NX+1][NY+1];
int i,j,ip,jp,k,n;
double z,error,num;
void init();                                  // 参数初始化子函数
double feq_f(int k,double rho,double u[2]);   // 平衡态分布函数计算子函数
void cal_tem();                               // 温度计算子函数
void collision();                             // 碰撞步子函数
void streaming();                             // 迁移步子函数
void cal_Force();                             // 外力计算子函数
void cal_macroscopic();                       // 宏观量计算子函数
double CD_x(double * Para,int x,int y);       // 计算中心差分 x 方向
double CD_y(double * Para,int x,int y);       // 计算中心差分 y 方向
double Laplace(double * Para,int x,int j);    // 拉普拉斯算子
void output(int m);
void out_data(int m);
void Error();
int main()                                    // 主函数
{
    init();
    for(n=0;n<=Time;n++)
    {
        cal_tem();                            // 更新温度
        collision();                          // 碰撞
        streaming();                          // 迁移
        cal_macroscopic();                    // 计算宏观量
        if(n% 100==0)
        {
```

```cpp
                Error();
                cout<<"The"<<n<<"th computation result:"<<endl
                    <<"The rho of point(NX/2,NY/2)is:"<<setprecision(6)
                    <<rho[NX/2][NY/2]<<endl
                    <<"The u,v of point(NX/2,NY/2)is:"<<setprecision(6)
                    <<u_real[NX/2][NY/2][0]<<","<<u_real[NX/2][NY/2][1]
<<endl;
                cout<<"The max relative error of uv is:"
                    <<setiosflags(ios::scientific)<<error<<endl;
            }
        if(n% 5000==0)
        {
            output(n);
        }
        if(n% 3600==0)
        {
            out_data(n);
        }
        if(error<1.0e-6)
        {
            break;
        }
    }
    return 0;
}


void init()
{
    z=0.37464+1.54226 * omega-0.26992 * omega * omega;

    for(int i=0;i<=NX;i++)
    {
        for(int j=0;j<=NY;j++)
        {
            u[i][j][0]=0;
            u[i][j][1]=0;
            u_temp[i][j][0]=0;
            u_temp[i][j][1]=0;
            u_real[i][j][0]=0;
            u_real[i][j][1]=0;
            T[i][j]=Tr * Tc;
            if(solid[i][j]==1)
```

```
                    {
                        psi[i][j]=0;
                        psi2[i][j]=pow(psi[i][j],2.0);
                        pressure[i][j]=0;
                    }
                    if(solid[i][j]! =1)
                    {
                        rho[i][j]=rho_g;
                        T[i][j]=Tr * Tc+delta * Tc;
                        if(pow(i-X0,2.0)+pow(j-Y0,2.0)<pow(R0,2.0))
                        {
                            T[i][j]=Tr * Tc;
                        }
                        rho[i][j]=(rho_l+rho_g)/2-(rho_l-rho_g)/2 * tanh(2 * (sqrt
(pow(i-X0,2.0)+pow(j-Y0,2.0))-R0)/1.0);
                        niu[i][j]=niu_l * (rho[i][j]-rho_g)/(rho_l-rho_g)+niu_g * (rho_l-
rho[i][j])/(rho_l-rho_g);
                        tau[i][j]=3.0 * niu[i][j]+0.5;
                        lambda[i][j]=0.4;
                        alpha[i][j]=pow(1.0+z * (1.0-sqrt(T[i][j]/Tc)),2.0);
                        pressure[i][j]=rho[i][j] * T[i][j]/(1-b * rho[i][j])-a *
pow(rho[i][j],2.0) * alpha[i][j]/(1+2.0 * b * rho[i][j]-pow(b * rho[i][j],2.0));
                        psi[i][j]=sqrt(2.0 * (pressure[i][j]-rho[i][j]/3.0)/c0/Gg);
                        psi2[i][j]=pow(psi[i][j],2.0);
                    }
                    for(int k=0;k<Q;k++)
                    {
                        f[i][j][k]=feq_f(k,rho[i][j],u[i][j]);
                        F[i][j][k]=f[i][j][k];
                    }
                }
            }
    }


    // 计算平衡态分布函数
    double feq_f(int k,double rho,double u[2])
    {
        double eu,uv;
        eu=e[k][0] * u[0]+e[k][1] * u[1];
        uv=u[0] * u[0]+u[1] * u[1];
        return w[k] * rho * (1.0+3.0 * eu+4.5 * eu * eu-1.5 * uv);
    }
```

```cpp
void collision()
{
    // 碰撞
    for(int i=0;i<=NX;i++)
    {
        for(int j=0;j<=NY;j++)
        {
            if(solid[i][j]! =1)
            {
                for(int k=0;k<Q;k++)
                {
                    f_temp[i][j][k]=f[i][j][k]+(feq_f(k,rho[i][j],u[i][j])-
f[i][j][k])/tau[i][j]+feq_f(k,rho[i][j],u_temp[i][j])-feq_f(k,rho[i][j],u[i][j]);
                }
            }
        }
    }
}

void streaming()
{
    // 迁移
    for(int i=0;i<=NX;i++)
    {
        for(int j=0;j<=NY;j++)
        {
            if(solid[i][j]! =1)
            {
                for(int k=0;k<Q;k++)
                {
                    ip=(i-e[k][0]+NX+1)%(NX+1);
                    jp=(j-e[k][1]+NY+1)%(NY+1);
                    if(solid[ip][jp]! =1)
                    {
                        F[i][j][k]=f_temp[ip][jp][k];
                    }
                }
            }
        }
    }
}
void cal_macroscopic()                    // 计算宏观量
```

```
{
    for(int i=0;i<=NX;i++)
    {
        for(int j=0;j<=NY;j++)
        {
            if(solid[i][j]==1)
            {
                rho[i][j]=0;
                psi[i][j]=0;
                pressure[i][j]=0;
                u_real[i][j][0]=0;
                u_real[i][j][1]=0;
            }
            if(solid[i][j]! =1)
            {
                u0[i][j][0]=u_real[i][j][0];
                u0[i][j][1]=u_real[i][j][1];
                rho[i][j]=0;
                u[i][j][0]=0;
                u[i][j][1]=0;

                for(int k=0;k<Q;k++)
                {
                    f[i][j][k]=F[i][j][k];
                    rho[i][j]+=f[i][j][k];
                    u[i][j][0]+=e[k][0]*f[i][j][k];
                    u[i][j][1]+=e[k][1]*f[i][j][k];
                }
                u[i][j][0]/=rho[i][j];
                u[i][j][1]/=rho[i][j];

                niu[i][j]=niu_l*(rho[i][j]-rho_g)/(rho_l-rho_g)+niu_g*(rho_l-
rho[i][j])/(rho_l-rho_g);
                tau[i][j]=3.0*niu[i][j]+0.5;
                lambda[i][j]=0.4;
                alpha[i][j]=pow(1.0+z*(1.0-sqrt(T[i][j]/Tc)),2.0);
                pressure[i][j]=rho[i][j]*T[i][j]/(1.0-b*rho[i][j])-a*
pow(rho[i][j],2.0)*alpha[i][j]/(1.0+2.0*b*rho[i][j]-pow(b*rho[i][j],2.0));
                psi[i][j]=sqrt(2.0*(pressure[i][j]-rho[i][j]/3.0)/c0/Gg);
                psi2[i][j]=pow(psi[i][j],2.0);
            }
        }
    }
```

```
    }
    // 计算外力
    cal_Force();
    for(int i=0;i<=NX;i++)
    {
    for(int j=0;j<=NY;j++)
    {
        if(solid[i][j]! =1)
        {
            u_temp[i][j][0]=u[i][j][0]+force_tol[i][j][0]/rho[i][j];
            u_temp[i][j][1]=u[i][j][1]+force_tol[i][j][1]/rho[i][j];

            u_real[i][j][0]=u[i][j][0]+0.5 * force_tol[i][j][0]/rho[i][j];
            u_real[i][j][1]=u[i][j][1]+0.5 * force_tol[i][j][1]/rho[i][j];
        }
    }
    }
}
// 中心差分 x 方向
double CD_x(double * Para,int x,int y)
{
    double P,P_L,P_R,P_U,P_D,P_LU,P_LD,P_RU,P_RD;
    P= * (Para+(NY+1) * x+y);
    P_L= * (Para+(NY+1) * ((x-1+NX+1)%(NX+1))+y);
// Left
    P_R= * (Para+(NY+1) * ((x+1+NX+1)%(NX+1))+y);
// Right
    P_U= * (Para+(NY+1) * x+(y+1+NY+1)%(NY+1));
    // Up
    P_D= * (Para+(NY+1) * x+(y-1+NY+1)%(NY+1));
    // Down
    P_LU= * (Para+(NY+1) * ((x-1+NX+1)%(NX+1))+(y+1+NY+1)%
(NY+1));        // Left+Up
    P_LD= * (Para+(NY+1) * ((x-1+NX+1)%(NX+1))+(y-1+NY+1)%
(NY+1));        // Left+Down
    P_RU= * (Para+(NY+1) * ((x+1+NX+1)%(NX+1))+(y+1+NY+1)%
(NY+1));        // Right+Up
    P_RD= * (Para+(NY+1) * ((x+1+NX+1)%(NX+1))+(y-1+NY+1)%
(NY+1));        // Right+Down
    return(P_R-P_L)/3.0+(P_RU-P_LD)/12.0+(P_RD-P_LU)/12.0;
}
    // 中心差分 y 方向
```

```
double CD_y(double * Para,int x,int y)
{
    double P,P_L,P_R,P_U,P_D,P_LU,P_LD,P_RU,P_RD;
    P= * (Para+(NY+1) * x+y);
    P_L= * (Para+(NY+1) * ((x-1+NX+1)%(NX+1))+y);
// Left
    P_R= * (Para+(NY+1) * ((x+1+NX+1)%(NX+1))+y);
// Right
    P_U= * (Para+(NY+1) * x+(y+1+NY+1)%(NY+1));
    // Up
    P_D= * (Para+(NY+1) * x+(y-1+NY+1)%(NY+1));
    // Down
    P_LU= * (Para+(NY+1) * ((x-1+NX+1)%(NX+1))+(y+1+NY+1)%
(NY+1));        // Left+Up
    P_LD= * (Para+(NY+1) * ((x-1+NX+1)%(NX+1))+(y-1+NY+1)%
(NY+1));        // Left+Down
    P_RU= * (Para+(NY+1) * ((x+1+NX+1)%(NX+1))+(y+1+NY+1)%
(NY+1));        // Right+Up
    P_RD= * (Para+(NY+1) * ((x+1+NX+1)%(NX+1))+(y-1+NY+1)%
(NY+1));        // Right+Down
    return(P_U-P_D)/3.0+(P_RU-P_LD)/12.0+(P_LU-P_RD)/12.0;
}
// 拉普拉斯算子
double Laplace(double * Para,int x,int y)
{
    double P,P_L,P_R,P_U,P_D,P_LU,P_LD,P_RU,P_RD;
    P= * (Para+(NY+1) * x+y);
    P_L= * (Para+(NY+1) * ((x-1+NX+1)%(NX+1))+y);
// Left
    P_R= * (Para+(NY+1) * ((x+1+NX+1)%(NX+1))+y);
// Right
    P_U= * (Para+(NY+1) * x+(y+1+NY+1)%(NY+1));
    // Up
    P_D= * (Para+(NY+1) * x+(y-1+NY+1)%(NY+1));
    // Down
    P_LU= * (Para+(NY+1) * ((x-1+NX+1)%(NX+1))+(y+1+NY+1)%
(NY+1));        // Left+Up
    P_LD= * (Para+(NY+1) * ((x-1+NX+1)%(NX+1))+(y-1+NY+1)%
(NY+1));        // Left+Down
    P_RU= * (Para+(NY+1) * ((x+1+NX+1)%(NX+1))+(y+1+NY+1)%
(NY+1));        // Right+Up
```

```cpp
        P_RD= * (Para+(NY+1) * ((x+1+NX+1)%(NX+1))+(y-1+NY+1)%
(NY+1));          // Right+Down
        return(P_RU+P_RD+P_LU+P_LD+4.0*P_R+4.0*P_L+4.0*P_U+4.0*
P_D-20.0*P)/6.0;
    }
    // 温度更新，四阶 Runge-Kutta 方法
    void cal_tem()
    {
        for(int i=0;i<=NX;i++)
        {
            for(int j=0;j<=NY;j++)
            {
                if(solid[i][j]==0)
                {
                    div_u[i][j]=(u_real[(i+1+NX+1)%(NX+1)][j][0]-u_real[(i-1+
NX+1)%(NX+1)][j][0])/3.0+(u_real[(i+1+NX+1)%(NX+1)][(j+1+NY+1)%
(NY+1)][0]-u_real[(i-1+NX+1)%(NX+1)][(j-1+NY+1)%(NY+1)][0])/12.0+
(u_real[(i+1+NX+1)%(NX+1)][(j-1+NY+1)%(NY+1)][0]-u_real[(i-1+NX+1)%
(NX+1)][(j+1+NY+1)%(NY+1)][0])/12.0
                        +(u_real[i][(j+1+NY+1)%(NY+1)][1]-u_real[i][(j-1+NY+
1)%(NY+1)][1])/3.0+(u_real[(i+1+NX+1)%(NX+1)][(j+1+NY+1)%(NY+1)]
[1]-u_real[(i-1+NX+1)%(NX+1)][(j-1+NY+1)%(NY+1)][1])/12.0+(u_real[(i-1+
NX+1)%(NX+1)][(j+1+NY+1)%(NY+1)][1]-u_real[(i+1+NX+1)%(NX+1)][(j-
1+NY+1)%(NY+1)][1])/12.0;
                    d_lambda_x[i][j]=(lambda[(i+1+NX+1)%(NX+1)][j]-lambda
[(i-1+NX+1)%(NX+1)][j])/3.0+(lambda[(i+1+NX+1)%(NX+1)][(j+1+NY+
1)%(NY+1)]-lambda[(i-1+NX+1)%(NX+1)][(j-1+NY+1)%(NY+1)])/12.0+(lambda
[(i+1+NX+1)%(NX+1)][(j-1+NY+1)%(NY+1)]-lambda[(i-1+NX+1)%(NX+1)]
[(j+1+NY+1)%(NY+1)])/12.0;
                    d_lambda_y[i][j]=(lambda[i][(j+1+NY+1)%(NY+1)]-lambda[i]
[(j-1+NY+1)%(NY+1)])/3.0+(lambda[(i+1+NX+1)%(NX+1)][(j+1+NY+1)%
(NY+1)]-lambda[(i-1+NX+1)%(NX+1)][(j-1+NY+1)%(NY+1)])/12.0+(lambda
[(i-1+NX+1)%(NX+1)][(j+1+NY+1)%(NY+1)]-lambda[(i+1+NX+1)%(NX+1)]
[(j-1+NY+1)%(NY+1)])/12.0;
                    d_T_x[i][j]=(T[(i+1+NX+1)%(NX+1)][j]-T[(i-1+NX+1)%
(NX+1)][j])/3.0+(T[(i+1+NX+1)%(NX+1)][(j+1+NY+1)%(NY+1)]-T[(i-1+
NX+1)%(NX+1)][(j-1+NY+1)%(NY+1)])/12.0+(T[(i+1+NX+1)%(NX+1)][(j-
1+NY+1)%(NY+1)]-T[(i-1+NX+1)%(NX+1)][(j+1+NY+1)%(NY+1)])/12.0;
                    d_T_y[i][j]=(T[i][(j+1+NY+1)%(NY+1)]-T[i][(j-1+NY+
1)%(NY+1)])/3.0+(T[(i+1+NX+1)%(NX+1)][(j+1+NY+1)%(NY+1)]-T[(i-1+
NX+1)%(NX+1)][(j-1+NY+1)%(NY+1)])/12.0+(T[(i-1+NX+1)%(NX+1)][(j+
1+NY+1)%(NY+1)]-T[(i+1+NX+1)%(NX+1)][(j-1+NY+1)%(NY+1)])/12.0;
```

```
            Laplace_T[i][j]=(T[(i+1+NX+1)%(NX+1)][(j+1+NY+1)%
(NY+1)]+T[(i-1+NX+1)%(NX+1)][(j-1+NY+1)%(NY+1)]+T[(i+1+NX+1)%
(NX+1)][(j-1+NY+1)%(NY+1)]+T[(i-1+NX+1)%(NX+1)][(j+1+NY+1)%
(NY+1)]+4.0*T[(i+1+NX+1)%(NX+1)][j]+4.0*T[(i-1+NX+1)%(NX+1)][j]+
4.0*T[i][(j+1+NY+1)%(NY+1)]+4.0*T[i][(j-1+NY+1)%(NY+1)]-20.0*
T[i][j])/6.0;
                }
            }
        }
        for(int i=0;i<=NX;i++)
        {
            for(int j=0;j<=NY;j++)
            {
                if(solid[i][j]==0)
                {
                    p_T[i][j]=rho[i][j]/(1.0-b*rho[i][j])-a*pow(rho[i][j],2.0)/
(1.0+2.0*b*rho[i][j]-pow(b*rho[i][j],2.0))*(z*z/Tc-(z+z*z)*sqrt(1.0/Tc/
T[i][j]));
                    lambda_T[i][j]=d_lambda_x[i][j]*d_T_x[i][j]+d_lambda_y[i][j]*
d_T_y[i][j]+lambda[i][j]*Laplace_T[i][j];
                    h1[i][j]=-(u_real[i][j][0]*d_T_x[i][j]+u_real[i][j][1]*
d_T_y[i][j])+lambda_T[i][j]/(rho[i][j]*c_v)-T[i][j]/(rho[i][j]*c_v)*p_T[i][j]*
div_u[i][j];
                }
                h10[i][j]=0.5*h1[i][j]+T[i][j];
            }
        }
        for(int i=0;i<=NX;i++)
        {
            for(int j=0;j<=NY;j++)
            {
                if(solid[i][j]==0)
                {
                    d_h1_x[i][j]=(h10[(i+1+NX+1)%(NX+1)][j]-h10[(i-1+NX+
1)%(NX+1)][j])/3.0+(h10[(i+1+NX+1)%(NX+1)][(j+1+NY+1)%(NY+1)]-
h10[(i-1+NX+1)%(NX+1)][(j-1+NY+1)%(NY+1)])/12.0+(h10[(i+1+NX+1)%
(NX+1)][(j-1+NY+1)%(NY+1)]-h10[(i-1+NX+1)%(NX+1)][(j+1+NY+
1)])/12.0;
                    d_h1_y[i][j]=(h10[i][(j+1+NY+1)%(NY+1)]-h10[i][(j-1+
NY+1)%(NY+1)])/3.0+(h10[(i+1+NX+1)%(NX+1)][(j+1+NY+1)%(NY+1)]-
h10[(i-1+NX+1)%(NX+1)][(j-1+NY+1)%(NY+1)])/12.0+(h10[(i-1+NX+1)%
(NX+1)][(j+1+NY+1)%(NY+1)]-h10[(i+1+NX+1)%(NX+1)][(j-1+NY+1)%
(NY+1)])/12.0;
```

```
                Laplace_h[i][j]=(h10[(i+1+NX+1)%(NX+1)][(j+1+NY+1)%
(NY+1)]+h10[(i-1+NX+1)%(NX+1)][(j-1+NY+1)%(NY+1)]+h10[(i+1+NX+
1)%(NX+1)][(j-1+NY+1)%(NY+1)]+h10[(i-1+NX+1)%(NX+1)][(j+1+NY+
1)%(NY+1)]+4.0*h10[(i+1+NX+1)%(NX+1)][j]+4.0*h10[(i-1+NX+1)%
(NX+1)][j]+4.0*h10[i][(j+1+NY+1)%(NY+1)]+4.0*h10[i][(j-1+NY+1)%
(NY+1)]-20.0*h10[i][j])/6.0;
                }
        }
    }
    for(int i=0;i<=NX;i++)
    {
        for(int j=0;j<=NY;j++)
        {
            if(solid[i][j]==0)
            {
                p_T[i][j]=rho[i][j]/(1.0-b*rho[i][j])-a*pow(rho[i][j],2.0)/
(1.0+2.0*b*rho[i][j]-pow(b*rho[i][j],2.0))*(z*z/Tc-(z+z*z)*sqrt(1.0/Tc/
h10[i][j]));
                lambda_T[i][j]=d_lambda_x[i][j]*d_h1_x[i][j]+d_lambda_y[i][j]*
d_h1_y[i][j]+lambda[i][j]*Laplace_h[i][j];
                h2[i][j]=-(u_real[i][j][0]*d_h1_x[i][j]+u_real[i][j][1]*
d_h1_y[i][j])+lambda_T[i][j]/(rho[i][j]*c_v)-h10[i][j]/(rho[i][j]*c_v)*p_T[i][j]*
div_u[i][j];
                }
                h20[i][j]=0.5*h2[i][j]+T[i][j];
            }
        }
    }
    for(int i=0;i<=NX;i++)
    {
        for(int j=0;j<=NY;j++)
        {
            if(solid[i][j]==0)
            {
                p_T[i][j]=rho[i][j]/(1.0-b*rho[i][j])-a*pow(rho[i][j],2.0)/
(1.0+2.0*b*rho[i][j]-pow(b*rho[i][j],2.0))*(z*z/Tc-(z+z*z)*sqrt(1.0/Tc/
h20[i][j]));
                lambda_T[i][j]=d_lambda_x[i][j]*CD_x(*h20,i,j)+
d_lambda_y[i][j]*CD_y(*h20,i,j)+lambda[i][j]*Laplace(*h20,i,j);
                h3[i][j]=-(u_real[i][j][0]*CD_x(*h20,i,j)+u_real[i][j][1]*CD_y
(*h20,i,j))+lambda_T[i][j]/(rho[i][j]*c_v)-h20[i][j]/(rho[i][j]*c_v)*p_T[i][j]*
div_u[i][j];
                }
```

```
                    h30[i][j]=h3[i][j]+T[i][j];
                }
            }
        for(int i=0;i<=NX;i++)
        {
            for(int j=0;j<=NY;j++)
            {
                if(solid[i][j]==0)
                {
                    p_T[i][j]=rho[i][j]/(1.0-b*rho[i][j]-a*pow(rho[i][j],2.0)/
(1.0+2.0*b*rho[i][j]-pow(b*rho[i][j],2.0))*(z*z/Tc-(z+z*z)*sqrt(1.0/Tc/
h30[i][j]));
                    lambda_T[i][j]=d_lambda_x[i][j]*CD_x(*h30,i,j)+
d_lambda_y[i][j]*CD_y(*h30,i,j)+lambda[i][j]*Laplace(*h30,i,j);
                    h4[i][j]=-(u_real[i][j][0]*CD_x(*h30,i,j)+u_real[i][j][1]*CD_y
(*h30,i,j))+lambda_T[i][j]/(rho[i][j]*c_v)-h30[i][j]/(rho[i][j]*c_v)*p_T[i][j]*
div_u[i][j];
                }
            }
        }
        for(int i=1;i<NX;i++)
        {
            for(int j=1;j<NY;j++)
            {
                if(solid[i][j]==0)
                {
                    T[i][j]=T[i][j]+(h1[i][j]+2.0*h2[i][j]+2.0*h3[i][j]+
h4[i][j])/6.0;
                }
            }
        }
    }

    void cal_Force()
    {
        // 受力
        for(int i=0;i<=NX;i++)
        {
            for(int j=0;j<=NY;j++)
            {
                if(solid[i][j]!=1)
```

```
            {
                force[i][j][0]=0;
                force[i][j][1]=0;
                force_ads[i][j][0]=0;
                force_ads[i][j][1]=0;
                force_g[i][j][0]=0;
                force_g[i][j][1]=0;

                for(int k=1;k<Q;k++)
                {
                    ip=(i+e[k][0]+NX+1)%(NX+1);
                    jp=(j+e[k][1]+NY+1)%(NY+1);

                    force[i][j][0]+=-beta * w_o[k] * Gg * psi[i][j] * psi[ip][jp] *
e[k][0]-0.5 * (1.0-beta) * w_o[k] * Gg * psi2[ip][jp] * e[k][0];
                    force[i][j][1]+=-beta * w_o[k] * Gg * psi[i][j] * psi[ip][jp] *
e[k][1]-0.5 * (1.0-beta) * w_o[k] * Gg * psi2[ip][jp] * e[k][1];
                }

                force_tol[i][j][0]=force[i][j][0]+force_ads[i][j][0]+
force_g[i][j][0];
                force_tol[i][j][1]=force[i][j][1]+force_ads[i][j][1]+
force_g[i][j][1];
            }
        }
    }
}


void output(int m)
{
    ostringstream name;
    name<<"Phase Change_"<<setfill('0')<<setw(6)<<m<<". dat";
    ofstream out(name. str(). c_str());
    out<<"Title=\" Phase Change\"\n"
        << "VARIABLES=\" X\",\" Y\",\" U\",\" V\",\" rho\",\" P\",\" T\"\n"
<<"ZONE T=\" BOX\",I="
        <<NX+1<<",J="<<NY+1<<",F=POINT"<<endl;
    for(j=0;j<=NY;j++)
    {
        for(i=0;i<=NX;i++)
        {
            out<<double(i)<<" "
```

```
                    <<double(j)<<" "
                    <<u_real[i][j][0]<<" "
                    <<u_real[i][j][1]<<" "
                    <<rho[i][j]<<" "
                    <<pressure[i][j]<<" "
                    <<T[i][j]<<endl;
            }
        }
    }


    void out_data(int m)
    {
        double left=0,right=0,diameter=0;
        for(i=0;i<=NX-1;i++)
        {
            if(rho[i][NY/2]<=(rho_l+rho_g)/2&&rho[i+1][NY/2]>=(rho_l+
rho_g)/2)
            {
                left=i+1;
            }
            if(rho[i][NY/2]>=(rho_l+rho_g)/2&&rho[i+1][NY/2]<=(rho_l+
rho_g)/2)
            {
                right=i+1;
            }
            diameter=right-left;
        }
        ofstream outfile1("Diameter. txt",ios::app);
        outfile1<<m<<" "
            <<diameter<<endl;
        outfile1. close();
    }


    void Error()
    {
        double temp1=0. 0;
        double temp2=0. 0;

        for(i=1;i<NX;i++)
        {
            for(j=1;j<NY;j++)
            {
```

```
                temp1+=((u_real[i][j][0]-u0[i][j][0]) * (u_real[i][j][0]-u0[i][j][0])+
                   (u_real[i][j][1]-u0[i][j][1]) * (u_real[i][j][1]-u0[i][j][1]));


                temp2+=(u_real[i][j][0] * u_real[i][j][0]+u_real[i][j][1] *
u_real[i][j][1]);
            }
        }
        temp1=sqrt(temp1);
        temp2=sqrt(temp2);
        error=temp1/(temp2+1e-30);
    }
```

5.3.5 结果展示与分析

已有研究[13] 表明，蒸发过程中，液滴直径的变化符合 D^2 定律：蒸发过程中液滴直径 D 与液滴初始直径 D_0 比值的平方和蒸发时间 t 呈正比关系，即 $(D/D_0)^2 \sim t$。本节共模拟了液滴热导率 λ 为 0.4 和 0.6 两种工况下的液滴蒸发行为，图 5-11 给出了这两种情况下的蒸发过程中液滴直径 D 随时间 t^* 的变化，其中无量纲时间 $t^* = \rho_1 D_0^2 / \mu_1$，且 ρ_1 和 μ_1 分别为液滴的密度和动力黏度。可以看到蒸发过程液滴 D 与初始直径 D_0 比值的平方与时间 t^* 呈线性关系，即本节模拟的单液滴蒸发行为与 D^2 定律吻合良好。此外，由图 5-11 可以看出，液滴热导率越大，其蒸发速率也越快。

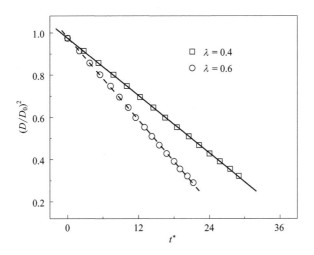

图 5-11 不同热导率条件下的液滴蒸发过程直径变化

5.4 固液相变传热模拟

5.4.1 引言

固液相变主要包括物质的熔化和凝固现象。熔化表示固态物质吸收热量后，温度升高到相变温度及以上，熔化成液态的现象；而凝固表示液态物质释放热量，温度降低至相变温度及以下，凝固成固态的现象。在自然界和各种工程领域中固液相变现象广泛存在，例如地球两极冰雪的融化和凝固、铸件的固化、建筑构件的凝固、食品的冷冻等。此外，固液相变过程可存储和释放大量潜热，利用相变材料储/释能对解决新能源技术利用中供能间歇性问题具有重要意义。

固液相变传热属于具有移动界面的非线性问题，相变区域内的固液相界面随时间变化，且存在着热量的吸收或释放。此外，相变过程中液相区域内还存在自然对流等，使得固液相变成为一个流动与相变换热耦合的复杂非线性问题。针对该问题，本节以无限长空间熔化（Stefan 单区域熔化）问题为研究对象，通过焓法[14,15] 数值模拟求解一维纯相变材料的熔化问题而获得一维方向上的空间温度分布，使读者掌握焓法求解固液相变问题的数值求解流程。

5.4.2 物理模型

【例题 5-4】 如图 5-12 所示，在一维无限长的空间中充满固相的相变材料，相变材料的初始温度为 T_0，初始温度 T_0 等于熔化温度 T_{melt}。假设在整个相变过程

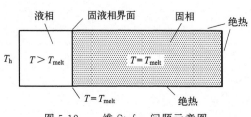

图 5-12　一维 Stefan 问题示意图

中固相相变材料的内部温度都均匀分布且等于熔化温度 T_{melt}。零时刻后（$t>0$ 后），左边界的温度突然升高到 T_h，且 $T_h>T_{melt}$，其他边界都为热绝缘边界，相变材料开始熔化。其中，主要参数如下：$T_h=1$，$T_0=0$，$T_{melt}=0$，$Ste=1$，Ste 数表示相变传热过程中显热相对于潜热的比值，$Ste=c_p(T_h-T_0)/La$，式中 c_p 表示比热容，$c_p=1$，La 表示潜热，$La=1$。模拟中选取了热扩散系数分别为 α 为 0.033 和 0.36 的两种工况，求解在两种热扩散系数下 10000 时间步长（δt）后，所研究区域内一维方向上的空间温度分布。

5.4.3 数学模型

针对相变材料熔化过程，假设相变材料为不可压缩且为牛顿流体，其质量、动量和能量守恒方程分别为

$$\frac{\partial \rho}{\partial t} + \boldsymbol{\nabla} \cdot (\rho \boldsymbol{u}) = 0 \tag{5-21}$$

$$\frac{\partial (\rho \boldsymbol{u})}{\partial t} + \boldsymbol{\nabla} \cdot (\rho \boldsymbol{u}\boldsymbol{u}) = -\boldsymbol{\nabla} p + \rho \nu\, \boldsymbol{\nabla}^2 \boldsymbol{u} - \rho g \beta (T - T_{\text{ref}}) \tag{5-22}$$

$$\rho c_{\text{p}} \frac{\partial T}{\partial t} + \rho c_{\text{p}} (\boldsymbol{u} \cdot \boldsymbol{\nabla} T) = \lambda\, \boldsymbol{\nabla}^2 T - \rho La\, \frac{\partial \chi_{\text{fl}}}{\partial t} \tag{5-23}$$

其中，ρ 表示相变材料的密度；$\boldsymbol{u}$、p 和 T 表示的是速度、压力和温度；ν 和 λ 分别表示运动黏度和热导率；χ_{fl} 表示液相比；T_{ref} 为参考温度。液相比 χ_{fl} 和温度 T 的关系可以通过焓联系：

$$H = c_{\text{p}} T + \chi_{\text{fl}} La \tag{5-24}$$

而温度 T 和焓 H 之间由下式联系：

$$T = \begin{cases} \dfrac{H}{c_{\text{p}}}, & H \leqslant H_{\text{s}} \\[2mm] T_{\text{fs}}, & H_{\text{s}} < H < H_{\text{l}} \\[2mm] \dfrac{H - La}{c_{\text{p}}}, & H \geqslant H_{\text{l}} \end{cases} \tag{5-25}$$

式中，H_{s} 和 H_{l} 表示温度 T_{fs} 和 T_{fl} 对应下的焓；T_{fs} 和 T_{fl} 表示熔化起始点和结束阶段对应温度。基于焓法对于该问题进行求解的主要思路为：将焓和温度一起作为待求解的函数，在区域内（包括液相、固相和两相界面）建立统一的能量方程，并采用数值方法求出焓分布，最终确定固液相界面分布。

本节采用单弛豫时间双分布的格子 Boltzmann 方法[16~18] 对于固液相变问题进行求解，其中相应的密度和温度分布函数的演化方程如下所示：

$$f_i(\boldsymbol{x} + \boldsymbol{e}_i \delta t, t + \delta t) - f_i(\boldsymbol{x}, t) = -\frac{1}{\tau_f}[f_i(\boldsymbol{x}, t) - f_i^{\text{eq}}(\boldsymbol{x}, t)] + \delta t F_i \tag{5-26}$$

$$g_i(\boldsymbol{x} + \boldsymbol{e}_i \delta t, t + \delta t) - g_i(\boldsymbol{x}, t) = -\frac{1}{\tau_{\text{t}}}[g_i(\boldsymbol{x}, t) - g_i^{\text{eq}}(\boldsymbol{x}, t)] + \delta t Sr_i \tag{5-27}$$

式中，F_i 和 Sr_i 分别为包含外力项和相变驱动项的源项；τ_{f} 和 τ_{t} 为松弛时间；δt 为格子单位步长。最后熔化过程的相变材料宏观量由以下公式计算：

$$\rho = \sum_i f_i, \quad \rho \boldsymbol{u} = \sum_i \boldsymbol{e}_i f_i + \frac{\boldsymbol{F} \delta t}{2} \tag{5-28a}$$

$$T = \sum_i g_i \tag{5-28b}$$

模拟过程中使用 100×10 的网格数，相关参数如下：左边界为恒温边界 $T_h=1$，初始温度 $T_0=0$，熔化温度 $T_{melt}=0$，$Ste=1$，其余边界为绝热边界，采用非平衡外推格式处理。

5.4.4 程序设计与运算

本节基于格子 Boltzmann 方法的 Stefan 单区域固液熔化问题求解由 Microsoft Visual Studio 2019 Community 软件完成，其主要计算流程与图 5-2 所示类似。

程序示例：

```
# include <ctime>
# include <iostream>
# include <cmath>
# include <cstdlib>
# include <iomanip>
# include <fstream>
# include <sstream>
# include <string>
using namespace std;
const int Q=9;                               // D2Q9
const int NX=100;                            // x
const int NY=10;                             // y
int e[Q][2]={{0,0},{1,0},{0,1},{-1,0},{0,-1},{1,1},{-1,1},{-1,-1},{1,-1}};
double w[Q]={4.0/9,1.0/9,1.0/9,1.0/9,1.0/9,1.0/36,1.0/36,1.0/36,1.0/36};
double rho[NX+1][NY+1];
double u[NX+1][NY+1][2];
double u0[NX+1][NY+1][2];
double u_eq[NX+1][NY+1][2];
double f[NX+1][NY+1][Q];
double f_temp[NX+1][NY+1][Q];
double F[Q];
double tem[NX+1][NY+1];                      // 宏观温度
double en[NX+1][NY+1];                        // 焓
double f1[NX+1][NY+1];                        // 液相
double teq[NX+1][NY+1][Q];
double temft1[NX+1][NY+1][Q];
double temft0[NX+1][NY+1][Q];                 // 分布函数
double temft2[NX+1][NY+1][Q];
double tem_0[NX+1][NY+1];                     // 0 保存上一次的温度值
double f1_0[NX+1][NY+1];
double f1_k_1[NX+1][NY+1];
```

```
double tem_k_1[NX+1][NY+1];
int i,j,k,ip,jp,n;
double c,dx,dy,Lx,Ly,dt,tau,error,cs,X,r,r0,DX,DY,rhol,rhog,a,b,gw,T,Tc,R;
double t_left,t_right,t_init,cp_s,cp_f,Latent,en_s,en_l,rho_s,rho_f,conduct_s,conduct_f;
double conduct,alph,rho1,ti,eu,tem_melt;                // 热膨胀系数和重力加速度
double alph_s,alph_f,St,tau_t_s,tau_t_f,tau_t_m;        // 糊状区松弛时间
void init();
double teq_fun(double tem,int k);                       // 温度平衡态分布函数
void evolution();
void macroscopy();
void output(int m);
int main(int argc,char * argv[])
{
    init();
    n=0;
    while(n<=2000000)
    {
        if(n%100==0)
        {
            cout<<"The" <<n<<"th computation result:" <<endl
                <<"The pointT(1,NY/2)and f1(NX-1,NY)is:" <<setprecision(6)
                <<tem[1][NY/2]<<"," <<f1[NX-1][NY/2]<<endl;
        }
        if(n<=1000)
        {
            if(n%100==0)
            {
                output(n);
            }
        }
        if(n>1000&&n<=5000)
        {
            if(n%200==0)
            {
                output(n);
            }
        }
        if(n>5000&&n<=1000000)
        {
            if(n%200==0)
            {
```

```
                output(n);
            }
        }
        n++;
        evolution();
        macroscopy();
    }
    return 0;
}


// 温度碰撞和迁移
void init()                                        // 温度初始化
{
    dx=1.0;
    dy=1.0;
    dt=1.0;
    c=dx/dt;
    rho1=1.0;
    rho_s=1.0;
    rho_f=1.0;
    t_left=1.0;
    t_init=0;
    tem_melt=0;
    cp_s=1.0;
    cp_f=1.0;
    conduct_s=0.033;
    conduct_f=0.033;
    alph_s=conduct_s/(rho_s * cp_s);               // 热扩散系数
    alph_f=conduct_f/(rho_f * cp_f);
    St=1.0;
    Latent=cp_s * abs(tem_melt-t_left)/St;         // 计算潜热
    tau_t_s=3 * alph_s/(c * dt)+0.5;               // 热松弛时间
    tau_t_f=3 * alph_f/(c * dt)+0.5;
    en_s=cp_s * tem_melt;                          // 计算焓
    en_l=en_s+Latent;

    for(i=0;i<=NX;i++)                             // 初始宏观量
    {
        for(j=0;j<=NY;j++)
        {
            tem[i][j]=t_init;
            tem[0][j]=t_left;
```

```
            f1[i][j]=0;
            for(k=0;k<Q;k++)
            {
                teq[i][j][k]=teq_fun(tem[i][j],k);
                temft1[i][j][k]=teq[i][j][k];
            }
        }
    }
}


// 计算温度平衡态分布函数
double teq_fun(double tem,int k)
{
    }return w[k] * tem;
}


void evolution()
{
    // 演化计算
    for(i=0;i<=NX;i++)
    {
        for(j=0;j<=NY;j++)
        {
            teq[i][j][k]=teq_fun(tem[i][j],k);
            tem_0[i][j]=tem[i][j];// 储存前一步的值
            f1_0[i][j]=f1[i][j];
            tem_k_1[i][j]=tem[i][j];
            for(k=0;k<Q;k++)
            {
                temft0[i][j][k]=temft1[i][j][k];
            }
        }
    }
    // 内节点迁移
    for(i=1;i<NX;i++)
    {
        for(j=1;j<NY;j++)
        {
            for(k=0;k<Q;k++)
            {
                ip=i-e[k][0];
                jp=j-e[k][1];
```

```
                    temft2[i][j][k]=temft1[ip][jp][k];
                }
            }
        }
        // 统计内节点的宏观温度
        for(i=1;i<NX;i++)
        {
            for(j=1;j<NY;j++)
            {
                tem[i][j]=0;
                for(k=0;k<Q;k++)
                {
                    tem[i][j]+=temft2[i][j][k];
                }
            }
        }


        // 边界条件处理(非平衡外推格式)
        for(j=1;j<NY;j++)
        {
            for(k=0;k<Q;k++)
            {
                tem[0][j]=t_left;                      // 左边界
                temft2[0][j][k]=teq_fun(tem[0][j],k)+temft2[1][j][k]-
teq_fun(tem[1][j],k);
                tem[NX][j]=tem[NX-1][j];          // 右边界
                temft2[NX][j][k]=teq_fun(tem[NX][j],k)+temft2[NX-1][j][k]-
teq_fun(tem[NX-1][j],k);
            }
        }
        for(i=1;i<NX;i++)                              // 上下非平衡外推格式
        {
            for(k=0;k<Q;k++)
            {
                tem[i][NY]=tem[i][NY-1];          // 上边界
                temft2[i][NY][k]=teq_fun(tem[i][NY],k)+temft2[i][NY-1][k]-
teq_fun(tem[i][NY-1],k);

                tem[i][0]=tem[i][1];                   // 下边界
                temft2[i][0][k]=teq_fun(tem[i][0],k)+temft2[i][1][k]-
teq_fun(tem[i][1],k);
            }
```

```
    }

    for(i=0;i<=NX;i++)// 通过温度求焓,焓更新含液率
    {
        for(j=0;j<=NY;j++)
        {
            en[i][j]=cp_s*tem[i][j]+Latent*f1_0[i][j];
            if(en[i][j]<=en_s)
            {
                f1[i][j]=0;
            }
            else if(en[i][j]>=en_l)
            {
                f1[i][j]=1;
            }
            else
            {
                f1[i][j]=(en[i][j]-en_s)/(en_l-en_s);
            }
        }
    }


    for(i=0;i<=NX;i++)// 更新温度值和含液率
    {
        for(j=0;j<=NY;j++)
        {
            tem_k_1[i][j]=tem[i][j];
            f1_k_1[i][j]=f1[i][j];
        }
    }


    for(i=0;i<=NX;i++)// 由含液率确定区域状态,糊状区有自然对流产生
    {
        for(j=0;j<=NY;j++)
        {
            for(k=0;k<Q;k++)
            {
                teq[i][j][k]=teq_fun(tem[i][j],k);

                if(f1_k_1[i][j]>0&&f1_k_1[i][j]<1)
                {
```

```
                    tau_t_m=0.5+(alph_f * f1_k_1[i][j]+(1-f1_k_1[i][j]) * alph_s)/
alph_s * (tau_t_s-0.5 * dt);
                        temft1[i][j][k]=temft2[i][j][k]-(temft2[i][j][k]-
teq[i][j][k])/tau_t_m-w[k] * Latent/cp_s * (f1_k_1[i][j]-f1_0[i][j]);
                    }
                else if(f1_k_1[i][j]==0)
                    temft1[i][j][k]=temft2[i][j][k]-(temft2[i][j][k]-
teq[i][j][k])/tau_t_s;
                else if(f1_k_1[i][j]==1)
                    temft1[i][j][k]=temft2[i][j][k]-(temft2[i][j][k]-
teq[i][j][k])/tau_t_f;
                }
            }
        }
    }

    // 总体宏观量求解
    void macroscopy()
    {
        for(i=0;i<=NX;i++)
        {
            for(j=0;j<=NY;j++)
            {
                tem[i][j]=0;
                for(k=0;k<Q;k++)
                {
                    tem[i][j]+=temft1[i][j][k];
                }
                tem[0][j]=t_left;
            }
        }

        for(i=0;i<=NX;i++)// 更新含液率
        {
            for(j=0;j<=NY;j++)
            {
            en[i][j]=cp_s * tem[i][j]+Latent * f1_k_1[i][j];
            if(en[i][j]<=en_s)
            {
                f1[i][j]=0;
            }
            else if(en[i][j]>=en_l)
```

```
                {
                    fl[i][j]=1;
                }
                else
                {
                    fl[i][j]=(en[i][j]-en_s)/(en_l-en_s);
                }
            }
        }

    }

    void output(int m)
    {
        ostringstream name;
        name<<"Solid_liquid phase change" <<setfill('0' )<<setw(5)<<m<<".dat" ;
        ofstream out(name.str().c_str());
        out<<"Title=\" Solid_liquid phase change\"\n"
            <<"VARIABLES=\" X\",\" Y\",\" fl\",\" T\"\n" <<"ZONE T=\" BOX\",
I="
            <<NX+1<<",J=" <<NY+1<< ",F=POINT" <<endl;
        for(j=0;j<=NY;j++)
        {
            for(i=0;i<=NX;i++)
            {
                out<<double(i)<<" "
                    <<double(j)<<" "
                    <<fl[i][j]<<" "
                    <<tem[i][j]<<endl;
            }
        }
    }
```

5.4.5 结果展示与分析

对于 Stefan 单区域熔化问题，根据初始条件有解析解：

$$T(x,t)=T_h-(T_h-T_0)\frac{erf(x/2\sqrt{\alpha t})}{erf(\varepsilon)} \tag{5-29}$$

$$\varepsilon e^{\varepsilon^2}erf(\varepsilon)=\frac{Ste}{\sqrt{\pi}} \tag{5-30}$$

式中，$erf(x)$ 为误差函数；T_h、T_0 为左边界温度和初始温度；α 为热扩散系数；x 表示距离左边界距离（区域总长为 L）；ε 为与 Ste 数相关的系数。同时引入无量纲温度 T^* 为

$$T^* = \frac{T - T_{\text{melt}}}{T_h - T_{\text{melt}}} \tag{5-31}$$

图 5-13 给出了 10000 时间步时刻的熔化温度分布数值结果和理论结果对比，两者结果吻合较好。由图可知，由于左壁面温度高于熔化温度，左侧的相变材料不断吸收热量发生熔化，液态相变材料内温度自左侧加热面至固液相界面近似呈线性下降，而右侧相变材料仍旧保持固相，且温度保持不变，图中温度的转折点表示固液相界面。此外，对比 $\alpha = 0.033$ 和 $\alpha = 0.366$ 两种工况可知，相变材料热扩散系数 α 越高，热量向固液相界面的传递越快，相同时间内熔化的相变材料也越多。

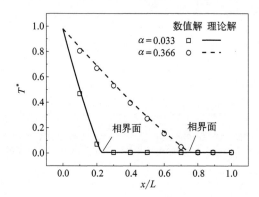

图 5-13　$t = 10000\delta t$ 时的 Stefan 单区域熔化温度分布

参 考 文 献

[1] Taylor G I. The formation of emulsions in definable fields of flow [J]. Proceedings of the Royal Society of London. Series A, Containing Papers of a Mathematical and Physical Character, 1934, 146 (858): 501-523.

[2] Chen Y P, Deng Z L. Hydrodynamics of a droplet passing through a microfluidic T-junction [J]. Journal of Fluid Mechanics, 2017, 819: 401-434.

[3] Wang M Y, Wang X M, Guo D M. A level set method for structural topology optimization [J]. Computer Methods in Applied Mechanics and Engineering, 2003, 192 (1): 227-246.

[4] Chen Y P, Wu L Y, Zhang L. Dynamic behaviors of double emulsion formation in a flow-focusing device [J]. International Journal of Heat and Mass Transfer, 2015, 82: 42-50.

[5] 李蕾，余婧雯，吴梁玉，等. 电场与拉伸流场共同作用下双重乳液形变特性研究 [J]. 工程热物理学报，2020，41 (5)：1219-1221.

[6] Liu H H, Zhang Y H. Droplet formation in a T-shaped microfluidic junction [J]. Journal of Applied Physics, 2009, 106 (3): 034906.

[7] Cahn J W, Hilliard J E. Free energy of a nonuniform system. I. Interfacial free energy [J]. The Journal of

Chemical Physics，1958，28（2）：258-267.

[8] Li J，Renardy Y Y，Renardy M. Numerical simulation of breakup of a viscous drop in simple shear flow through a volume-of-fluid method [J]. Physics of fluids，2000，12（2）：269-282.

[9] Wang H L，Chai Z H，Shi B C，et al. Comparative study of the lattice Boltzmann models for Allen-Cahn and Cahn-Hilliard equations [J]. Physical Review E，2016，94（3）：033304.

[10] Goncharov V N. Analytical model of nonlinear，single-mode，classical Rayleigh-Taylor instability at arbitrary Atwood numbers [J]. Physical Review Letters，2002，88（13）：134502.

[11] Li Q，Kang Q J，Francois M M，et al. Lattice Boltzmann modeling of self-propelled Leidenfrost droplets on ratchet surfaces [J]. Soft Matter，2016，12（1）：302-312.

[12] Hazi G，Markus A. On the bubble departure diameter and release frequency based on numerical simulation results [J]. International Journal of Heat and Mass Transfer，2008，52（5）：1472-1480.

[13] Law C K. Recent advances in droplet vaporization and combustion [J]. Progress in Energy and Combustion Science，1982，8（3）：171-201.

[14] Huang R Z，Wu H Y，Cheng P. A new lattice Boltzmann model for solid-liquid phase change [J]. International Journal of Heat and Mass Transfer，2013，59：295-301.

[15] Huo Y T，Rao Z H. Lattice Boltzmann simulation for solid-liquid phase change phenomenon of phase change material under constant heat flux [J]. International Journal of Heat and Mass Transfer，2015，86：197-206.

[16] Guo Z L，Shi B C，Zheng C G. A coupled lattice BGK model for the Boussinesq equations [J]. International Journal for Numerical Methods in Fluids，2002，39（4）：325-342.

[17] Chen Z Q，Gao D Y，Shi J. Experimental and numerical study on melting of phase change materials in metal foams at pore scale [J]. International Journal of Heat and Mass Transfer，2014，72：646-655.

[18] Huber C，Parmigiani A，Chopard B，et al. Lattice Boltzmann model for melting with natural convection [J]. International Journal of Heat and Fluid Flow，2008，29（5）：1469-1480.

第6章

燃烧与化学反应模拟

6.1 化学反应动力学模拟

6.1.1 引言

化学反应动力学是研究燃烧及伴有化学反应的传递现象的重要基础，其核心任务是获得反应体系中各组分演化规律及温度、浓度等条件对其的影响规律[1]。工程实践中的化学反应体系通常是由一系列基元反应耦合组成。这些基元反应的类型包括平行反应、连续反应、对峙反应等，在叠加耦合后具有相当的复杂性，通常难以获得其体系的解析解。因此，本节介绍采用数值方法求解反应动力学问题，使读者掌握相关求解方法并加深对反应动力学问题的基本认识。

6.1.2 物理模型

【例题 6-1】 CO_2 吸收反应是碳捕集的重要基础，假设某微型液相反应器中发生如下反应：

$$CO_2(aq) + NH_3(aq) \underset{k_{-1}}{\overset{k_1}{\rightleftharpoons}} NH_2COOH \tag{6-1}$$

$$NH_2COOH + NH_3(aq) \overset{K_2}{\rightleftharpoons} NH_2COO^- + NH_4^+ \tag{6-2}$$

$$NH_2COO^- + H_2O \underset{k_{-3}}{\overset{k_3}{\rightleftharpoons}} NH_3(aq) + HCO_3^- \tag{6-3}$$

初始液相中溶解的 CO_2 浓度为 $[CO_2]_0 = 0.0038\text{mmol/L}$，$NH_3$ 的浓度为 $[NH_3]_0 = 0.001\text{mmol/L}$。假设 25℃ 时，反应速率常数 $k_1 = 2217\text{L/(mol·s)}$，$k_{-1} = 2.5\text{L/(mol·s)}$，$k_3 = 0.1\text{L/(mol·s)}$，$k_{-3} = 1.2\text{L/(mol·s)}$；反应平衡常

数 $\lg(K_2)=2.437$。试求 1s 内体系组分变化。

6.1.3　数学模型

根据反应速率的定义可得：

$$\frac{d[CO_2]}{dt}=-k_1[CO_2][NH_3]+k_{-1}[NH_2COOH] \tag{6-4}$$

$$\frac{d[HCO_3^-]}{dt}=k_3[NH_2COO^-][H_2O]-k_{-3}[NH_3][HCO_3^-] \tag{6-5}$$

由于溶液为稀溶液，因此将溶液视为理想溶液，即各组分活度系数为 1。根据反应平衡的定义可得：

$$\frac{[NH_2COO^-][NH_4^+]}{[NH_2COOH][NH_3]}=K_2 \tag{6-6}$$

根据溶液电中性条件，有：

$$[NH_4^+]=[NH_2COO^-]+[HCO_3^-] \tag{6-7}$$

根据物料守恒条件，有：

$$[NH_3]+[NH_4^+]+[NH_2COOH]+[NH_2COO^-]=[NH_3]_0 \tag{6-8}$$

$$[CO_2]+[NH_2COOH]+[NH_2COO^-]+[HCO_3^-]=[CO_2]_0 \tag{6-9}$$

6.1.4　程序设计与运算

由式(6-4)～式(6-9) 可知，体系的数学描述为微分代数方程组。针对此类问题，若代数方程组显式可解，则可通过代数关系进行消元求解；也可以采用 MATLAB 函数库中的 ode15s()、ode23t()、ode15i() 函数直接求解。此处直接调用 ode15s() 函数进行求解，具体程序代码如下：

```
function[t,C]=CO2Reaction(C0,tspan,k)
% CO2Reaction 函数用以求解 NH3 吸收 CO2 体系动力学
% 输入参数：
% C=[CO2 NH3 NH4 NH2COO NH2COOH HCO3]
% k=[k1 k-1 K2 k3 k-3]
% tspan 求解时间跨度
% 输出参数：
% t-时间序列,C-各组分浓度随时间变化

M=zeros(6,6);%设置 Mass 矩阵
M(1,1)=1;
M(3,6)=1;
options=odeset('Mass',M);
[t,C]=ode15s(@Equation,tspan,C0,options,k,C0);% 调用 ode15s 函数求解
```

```
%%% 绘图
plot(t,C(:,1),'r-',t,C(:,2),'k:',t,C(:,3),'b-.',t,C(:,4),'k--',t,C(:,5),...
   'm-o',t,C(:,6),'c*','LineWidth',1);
h=legend({'CO_2','NH_3','NH_4^+','NH_2COO^-','NH_2COOH','HCO_3^-'},...
   'Orientation','horizontal');
h.Box='off';
xlabel('时间(s)');ylabel('浓度(mol/L)');

%%% 微分代数方程数学关系描述子程序
   function out=Equation(t,C,k,C0)
     out=[k(2)*C(4)-k(1)*C(1).*C(2);
       C(4).*C(3)-k(3)*C(5).*C(2);
       k(4)*C(4)*55.56-k(5)*C(2).*C(6);
       C(3)-C(4)-C(6);
       C(2)+C(4)+C(5)+C(3)-C0(2);
       C(1)+C(4)+C(5)+C(6)-C0(1)];
   end
end
```

在命令窗口中设置输入参数（如下所示），并调用主函数进行求解

```
>>C0=zeros(1,6);C0(1)=3.8e-3;C0(2)=4e-3;
>>k=[2275,2.5,273.52,0.1,1.2];
>>tspan=[0 1];
>>[t,C]=CO2Reaction(C0,tspan,k);
```

6.1.5 结果展示与分析

模拟结果显示，在微浓度条件下，反应 1s 内已基本接近完成，如图 6-1 所示。其中，反应物 CO_2、NH_3 浓度在反应初始阶段即快速下降，而随着反应的进行，下降速度逐渐放缓。相应地，产物 NH_4^+ 浓度在初始快速增长，随着反应进行转为缓慢增长。而含碳产物 NH_2COO^- 浓度在反应初始阶段也快速增长，但在约 0.1s处达到浓度峰值后逐步下降。这是由于 NH_2COO^- 转化为另一个含碳产物HCO_3^-。反应产物 HCO_3^- 在反应初始阶段缓慢增长，随着反应的进行，其浓度快速增长，并且在反应结束时，其浓度接近 NH_4^+ 的浓度。而另一反应中间产物NH_2COOH 的浓度则几乎始终为 0mol/L。上述反应组分变化规律与参考文献［2］实验观测到的规律基本相同。但需要注意的是，为精确测量化学反应动力学参数，实验中 CO_2 预先溶解在水中，因此该过程是在液相中发生的均相反应。而工业生

产中采用的溶液法吸收 CO_2 是一个非均相反应过程，还会受到传质过程的约束。此外，此处忽略了 CO_3^{2-} 反应路径，CO_3^{2-} 通常在整个反应中保持较低浓度。具体关于 NH_3 吸收 CO_2 的反应动力学，读者可参考文献 [2]。

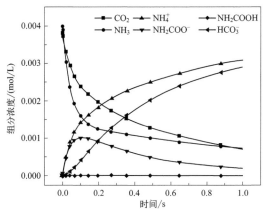

图 6-1　NH_3-CO_2-H_2O 体系反应组分变化

（NH_3 初始浓度为 0.004mmol/L，CO_2 初始浓度为 0.0038mmol/L）

6.2　绝热燃烧温度模拟

6.2.1　引言

　　求解绝热燃烧温度是燃烧学的重要基础性内容，它可以帮助工程师初步判断燃烧的基本状况。其中，绝热燃烧温度包括定压绝热燃烧温度与定容绝热燃烧温度。前者通常适用于燃气轮机、锅炉等热工设备中发生的燃烧情景，后者则适用于内燃机中发生的燃烧情景。本节主要介绍定压绝热燃烧温度的求解方法，而定容绝热燃烧温度的求解与之类似，读者可自行尝试完成。

6.2.2　物理模型

　　【例题 6-2】　1kmol 甲烷与空气混合，体系初始温度为 298K，压力为 1atm（1atm＝101325Pa）。试求不同当量比条件下的定压绝热燃烧温度（假设燃烧过程中不存在离解）。

6.2.3　数学模型

　　求解定压绝热燃烧温度，主要是求解下列关系：

$$H_{react}(298K,1atm) = H_{prod}(T_{ad},1atm) \qquad (6\text{-}10)$$

即初态反应物与终态产物的绝对焓相等。对于式(6-10)这一类求根问题，可以采用 MATLAB 函数库中的 fzero() 函数进行求解。但是在求解式(6-10)之前，首先需要获得产物组分信息。根据当量比（亦称"燃料系数"，即完全燃烧理论所需空气量与实际供给空气量之比），燃烧可分为贫燃料燃烧（当量比 $\Phi \leqslant 1$）与富燃料燃烧（当量比 $\Phi > 1$）两种情况。对于贫燃料燃烧可以直接采用元素守恒的方法获得燃烧产物组分；对于富燃料燃烧则需要引入水-气置换反应来考虑燃烧过程中生成的 CO 及 H_2；同时，水-气置换反应的平衡常数与绝热燃烧温度相关，因此需要进行迭代求解[3]。两种情况的反应通式如下所述。

贫燃料燃烧：

$$C_x H_y + a(O_2 + 3.76N_2) \longrightarrow bCO_2 + dH_2O + fO_2 + 3.76aN_2 \qquad (6\text{-}11)$$

富燃料燃烧：

$$C_x H_y + a(O_2 + 3.76N_2) \longrightarrow bCO_2 + cCO + dH_2O + eH_2 + fO_2 + 3.76aN_2$$

$$(6\text{-}12)$$

6.2.4 程序设计与运算

本例题的程序设计框图如图 6-2 所示。

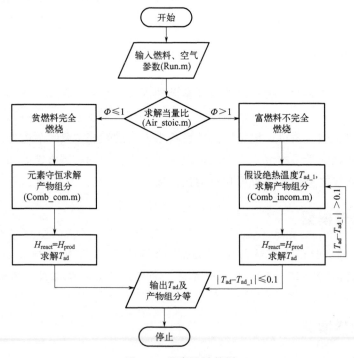

图 6-2 程序设计框图

（1）用以求解当量比的子函数：Air _ stoic. m

```
function[Air_stoic,Phi_stoic,Phi]=Air_stoic(FUEL,AIR)
%
% 该函数用以计算当量空气、当量空燃比、当量比
%
% 输入参数：
%     FUEL  -fuel structure:
%                CH4  [kmol]
%
%     AIR  -air structure:
%                N2,O2  [kmol]
%
% 输出参数：
%     Air_stoic-当量空气量   [kmol]
%     Phi_stoic-当量空燃比  [m_air/m_fuel]stoic
%     Phi     -当量比      [A_stoic/A]
%
% 参考书目:S. R. Turns《燃烧学导论:概念与应用》

    %%% 分子量
    M. CH4=16;%CH4 分子量

    %%% 计算当量空气质量
    A_sum=2.0 * FUEL. CH4;
    Air_stoic=4.76 * A_sum;%当量空气量 kmol
    A_sum=Air_stoic * 29.0;%当量空气质量 kg

    %%% 计算燃料质量
    F_sum=M. CH4 * FUEL. CH4;%燃料质量 kg

    %%% 当量空燃比
    Phi_stoic=A_sum/F_sum;

    %%% 实际空气量
    A_sum_real=29.0 * (AIR. O2+AIR. N2);

    %%% 当量比
    Phi=A_sum/A_sum_real;
end
```

（2）用以求解贫燃料下燃烧产物的子函数：Comb_com.m

```
function Waste=Comb_com(FUEL,Phi)
%
% 该函数用于计算贫燃料情况下的燃烧产物
% CxHy+a(O2+3.76N2)---->bCO2+dH2O+fO2+3.76aN2
%
% 输入参数：
%   Fuel 为燃料结构体
%     CH4    ［kmol］
%   Phi 为当量比
%
% 输出参数：
% Waste 为燃烧产物结构体
%     CO2,CO,H2O,H2,O2,N2   ［kmol］
%

    x=FUEL.CH4;% C 元素摩尔数
    y=FUEL.CH4 * 4;%H 元素摩尔数
    a=(x+y/4)/Phi;
    b=x;
    c=0;
    d=y/2;
    e=0;
    f=(1-Phi)/Phi * (x+y/4);
    Waste.CO2=b;
    Waste.CO=c;
    Waste.H2O=d;
    Waste.H2=e;
    Waste.O2=f;
    Waste.N2=3.76 * a;

end
```

（3）用以求解富燃料情况下燃烧组分的子函数：Comb_incom.m

```
function Waste=Comb_incom(FUEL,Phi,T)
%
% 该函数用于计算富燃料情况下的燃烧产物
% CxHy+a(O2+3.76N2)---->bCO2+cCO+dH2O+eH2+3.76aN2
%
% 引入水-气置换反应平衡态以考虑不完全燃烧产生的 H2、CO
%     CO+H2O--Kp-->CO2+H2
```

```
%
%  输入参数：
%    Fuel 为燃料结构体
%      CH4          [kmol]
%    Phi 为当量比
%    T 为绝热温度[K]
%
%输出参数：
%    Waste 为产物结构体
%      CO2,CO,H2O,H2,O2,N2
%

    x=FUEL.CH4;% C 元素摩尔数
    y=FUEL.CH4*4;%H 元素摩尔数
    a=(x+y/4)/Phi;
    tt=log(T);% 对 Tad 求对数
    Kp=-35.94*exp(-0.2795*tt)+6033*exp(-1.011*tt);
    Kp=exp(Kp);%拟合的水-气置换反应的平衡常数 Kp
    b=(2*a*(Kp-1)+x+y/2)/(2*Kp-2)-1/(2*Kp-2)*((2*a*(Kp-1)+x+y/2)^2-
4*Kp*(Kp-1)*(2*a*x-x^2))^0.5;
    c=x-b;
    d=2*a-b-x;
    e=-2*a+b+x+y/2;
    Waste.CO2=b;
    Waste.CO=c;
    Waste.H2O=d;
    Waste.H2=e;
    Waste.O2=0;
    Waste.N2=3.76*a;
end
```

(4) 计算反应物的生成焓的子函数：HF ＿ react. m

```
function H_react=HF_react(FUEL,AIR)
%
% 该函数用以计算燃烧反应物的生成焓(1atm 298K)
% 输入参数：
%    FUEL   -fuel structure：
%          CH4 [kmol]
%    AIR   -air structure：
%          N2,O2 [kmol]
```

```
% 输出参数：
%   H_react-反应物生成焓[kJ]


    hf. CH4=-74831;
    hf. N2=0;
    hf. O2=0;


    H_react=   FUEL. CH4 * hf. CH4;%其他组分为 0

end
```

(5) 计算生成物的生成焓的子函数：HF＿prod. m

```
function H_prod=HF_prod(Waste)
%
% 本函数用以计算燃烧产物的生成焓(298K 1atm)
%
% 输入函数：
% Waste 燃烧生成物结构体
% CO2,CO,H2O,H2,O2,N2  [kmol]
%
% 输出函数：
% H_prod 燃烧产物生产焓[kJ]

    hf. CO2=-393546;
    hf. H2O=-241845;
    hf. N2=0;
    hf. O2=0;
    hf. H2=0;
    hf. CO=-110541;
    H_prod=Waste. CO2 * hf. CO2+Waste. H2O * hf. H2O...
        +Waste. CO * hf. CO;%其他组分生成焓为 0

end
```

(6) 定压绝热燃烧温度求解的子函数：Tad＿temp. m

```
function y=Tad_temp(T,H_react,H_prod,Waste)
%
% 此函数用于迭代数值求解定压绝热燃烧温度
```

```
%
% 输入参数：
% T 为假设的等压绝热燃烧温度[K]
% Waste 为燃烧产物结构体
%   CO2,CO,H2O,H2,O2,N2  [kmol]
% H_react 反应物生成焓[kJ]
% H_prod    燃烧产物生成焓[kJ]
%
% 输出参数：
% 收敛时,y＝0


%% 初始化
sum. CO2＝0;sum. H2O＝0;sum. N2＝0;
sum. CO＝0;sum. O2＝0;sum. H2＝0;


%% CO2 定压比热容[kJ/(kmol＊K)]
    CP_CO2＝@(T)145. 288-2. 87848e-3＊T＋1. 91884e-7＊T. ^2-609. 4. /log(T);
    %300～5000K


%% CO 定压比热容[kJ/(kmol＊K)]
CP_CO_H＝@(T)8. 314＊(0. 03025078e2＋0. 14426885e-2＊T-0. 05630827e-5＊T. ^2...
    ＋0. 10185813e-9＊T. ^3-0. 06910951e-13＊T. ^4);% 1000～5000K
CP_CO_L＝@(T)8. 314＊(0. 03262451e2＋0. 15119409e-2＊T-0. 03881755e-4＊T. ^2...
    ＋0. 05581944e-7＊T. ^3-0. 02474951e-10＊T. ^4);% 300～1000K


%% 水蒸气定压比热容[kJ/(kmol＊K)]
CP_H2O_H＝@(T)8. 314＊(0. 02672145e2＋0. 03056293e-1＊T-0. 0837026e-5＊T. ^2...
    ＋0. 12009964e-9＊T. ^3-0. 06391618e-13＊T. ^4);% 1000～5000K
CP_H2O_L＝@(T)8. 314＊(0. 03386842e2＋0. 03474982e-1＊T-0. 06354696e-4＊T. ^2...
    ＋0. 06968581e-7＊T. ^3-0. 02506588e-10＊T. ^4);% 300～1000K


%% H2 定压比热容[kJ/(kmol＊K)]
CP_H2_H＝@(T)8. 314＊(0. 02991423e2＋0. 07000644e-2＊T-0. 05633828e-6＊T. ^2...
    -0. 09281518e-10＊T. ^3＋0. 15827819e-14＊T. ^4);% 1000～5000K
CP_H2_L＝@(T)8. 314＊(0. 03298124e2＋0. 08249441e-2＊T-0. 08143015e-5＊T. ^2...
    -0. 09475434e-9＊T. ^3＋0. 04134872e-11＊T. ^4);% 300～1000K


%% O2 定压比热容[kJ/(kmol＊K)]
CP_O2_H＝@(T)8. 314＊(0. 03697578e2＋0. 06135197e-2＊T-0. 12588420e-6＊T. ^2...
    ＋0. 01775281e-9＊T. ^3-0. 11364354e-14＊T. ^4);% 1000～5000K
CP_O2_L＝@(T)8. 314＊(0. 03212936e2＋0. 11274864e-2＊T-0. 05756150e-5＊T. ^2...
```

```
    +0.13138773e-8 * T. ^3-0.08768584e-11 * T. ^4); % 300~1000K

%% N2 定压比热容[kJ/(kmol * K)]
CP_N2_H=@(T)8.314 * (0.02926640e2+0.14879768e-2 * T-0.05684760e-5 * T. ^2...
    +0.10097038e-9 * T. ^3-0.06753351e-13 * T. ^4); % 1000~5000K
CP_N2_L=@(T)8.314 * (0.03298677e2+0.14082404e-2 * T-0.03963222e-4 * T. ^2...
    +0.05641515e-7 * T. ^3-0.02444854e-10 * T. ^4); % 300~1000K

%% 所有产物定压比热容之和计算[kJ/K]
sum. CO2=integral(CP_CO2,298,T); % 积分 Cp * dT
if T<=1000
  sum. H2O=integral(CP_H2O_L,298,T);
  sum. N2=integral(CP_N2_L,298,T);
  sum. H2=integral(CP_H2_L,298,T);
  sum. O2=integral(CP_O2_L,298,T);
  sum. CO=integral(CP_CO_L,298,T);
else
  sum. H2O=integral(CP_H2O_L,298,1000);
  sum. N2=integral(CP_N2_L,298,1000);
  sum. H2=integral(CP_H2_L,298,1000);
  sum. O2=integral(CP_O2_L,298,1000);
  sum. CO=integral(CP_CO_L,298,1000);
  sum. H2O=sum. H2O+integral(CP_H2O_H,1000,T);
  sum. N2=sum. N2+integral(CP_N2_H,1000,T);
  sum. H2=sum. H2+integral(CP_H2_H,1000,T);
  sum. O2=sum. O2+integral(CP_O2_H,1000,T);
  sum. CO=sum. CO+integral(CP_CO_H,1000,T);
end
CP_SUM=Waste. H2O * sum. H2O+Waste. N2 * sum. N2+Waste. CO2 * sum. CO2...
    +Waste. CO * sum. CO+Waste. O2 * sum. O2;

y=H_react-H_prod-CP_SUM;

end
```

(7) 采用脚本文件 Run. m 调用各子函数求解

```
clear;clc;
% INPUT:
% fuel 摩尔数[kmol]
  FUEL. CH4=1.0;
```

```matlab
% air 摩尔数[kmol]
   AIR.O2=3;
   AIR.N2=3.76 * AIR.O2;



%% 第1步:计算当量比
   [Air_stoic,Phi_stoic,Phi]=Air_stoic(FUEL,AIR);


%% 第2步:计算反应物生成焓
   H_react=HF_react(FUEL,AIR);


%% 第3步:计算燃烧产物及等压绝热燃烧温度 Tad
   Tad_1=2200;%假设初始绝热温度
   if Phi<=1   %贫燃料燃烧
     Waste=Comb_com(FUEL,Phi);%完全燃烧时产物与 Tad 无关
     H_prod=HF_prod(Waste);%燃烧产物生成焓
     [Tad,fval,exitflag]=fzero(@(T)Tad_temp(T,H_react,H_prod,Waste),Tad_1);
   else          %富燃料燃烧
     Waste=Comb_incom(FUEL,Phi,Tad_1);%不完全燃烧,依赖绝热燃烧温度
     H_prod=HF_prod(Waste);
     [Tad,fval,exitflag]=fzero(@(T)Tad_temp(T,H_react,H_prod,Waste),Tad_1);
     while abs(Tad-Tad_1)>0.1   % 迭代求解
       Tad_1=0.5 * (Tad+Tad_1);
       Waste=Comb_incom(FUEL,Phi,Tad_1);
       H_prod=HF_prod(Waste);
       [Tad,fval,exitflag]=fzero(@(T)Tad_temp(T,H_react,H_prod,Waste),Tad_1);
     end
   end
     Waste _ sum = Waste.CO2 + Waste.CO + Waste.H2O + Waste.H2 + Waste.O2 + Waste.N2;
   %燃烧产物总的物质量
CO_con=Waste.CO/Waste_sum;%燃烧产物 CO 含量
O2_con=Waste.O2/Waste_sum;%燃烧产物 O2 含量
CO2_con=Waste.CO2/Waste_sum;%燃烧产物 CO2 含量
Waste_Vol=Waste_sum * 8314 * Tad/101325;%m3
disp(['当量比为:',num2str(Phi)]);
   disp(['绝热燃烧温度为:',num2str(Tad),'K']);
disp(['烟气体积为:',num2str(Waste_Vol),'m ^ 3']);
disp(['烟气 CO 含量:',num2str(CO_con)]);
disp(['烟气 O2 含量:',num2str(O2_con)]);
disp(['烟气 CO2 含量:',num2str(CO2_con)]);
```

6.2.5 结果展示与分析

通过改变上述 Run.m 文件中 AIR.O2 的输入值,可以获得不同当量比条件下的燃烧产物组分分布与绝热燃烧温度的变化,结果如图 6-3 所示。由图可见,随着当量比 Φ 的增加,系统由贫燃料燃烧转变为富燃料燃烧,绝热燃烧温度呈现先上升后下降的趋势,并在当量比 $\Phi=1$ 时达到峰值 2321K。CO_2 摩尔分数随当量比 Φ 的变化与绝热燃烧温度的变化相似,在 $\Phi=1$ 时达到峰值 9.51%;随后,进入富燃料燃烧区域,处于缺氧燃烧状态,因此随着当量比的增加而减小。相对应的,在贫燃料情况下,由于燃烧充分此时 CO 摩尔分数为 0;当 $\Phi>1$ 时,进入富燃料燃烧区域,处于缺氧燃烧状态,此时 CO 的摩尔分数随着当量比增加而增加。O_2 摩尔分数的变化与 CO 恰恰相反,在富燃料情况下其摩尔分数为 0;而当 $\Phi<1$ 时,其摩尔分数随着当量比减小而增加。

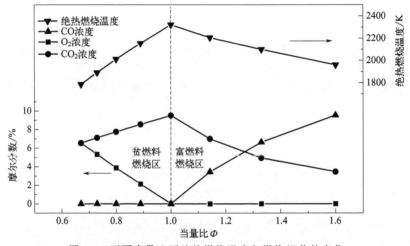

图 6-3 不同当量比下绝热燃烧温度与燃烧组分的变化

6.3 化学体系热力学平衡模拟

6.3.1 引言

化石能源的燃烧释放出大量 CO_2,已经引发了严重的全球性生态环境危机。为应对这一危机,学者们提出了燃烧后碳捕集技术,即通过吸收或吸附方法分离、

回收燃烧烟气中的 CO_2。随着我国"双碳"目标的确立，CO_2 捕集技术已经成为国家重大战略需求，也是能源动力工程专业的前沿研究内容。溶液吸收法是实现 CO_2 捕集的重要方法之一。该方法采用吸收溶液（如醇胺溶液、氨水等）在吸收塔中通过化学反应分离烟气中的 CO_2 并生成含碳产物。随后，在再生塔中通过加热等方式，使得含碳产物分解，再生吸收溶液并释放出 CO_2。释放的 CO_2 通过净化、压缩等工艺后，进一步封存或应用于生产。优化设计该工艺需要掌握 CO_2 吸收的反应动力学与体系热力学性质。为此，本节以典型溶液吸收法——氨法脱碳为例，介绍 NH_3-CO_2-H_2O 体系的热力学计算方法。

6.3.2　物理模型

【例题 6-3】　NH_3-CO_2-H_2O 体系相平衡示意图如图 6-4 所示。其中，液相为电解质溶液，包含 CO_3^{2-}、HCO_3^-、NH_2COO^-、NH_4^+、OH^-、H^+、H_2O 以及溶解在水中的 $CO_2(aq)$、$NH_3(aq)$；气相组分则为 $CO_2(g)$、$NH_3(g)$ 及水蒸气 $H_2O(g)$；固相组分则有 NH_4HCO_3。试求相平衡条件下，液相各组分分布与气相各组分平衡分压，并判断是否有固相析出。

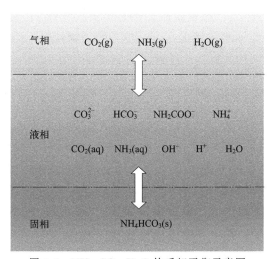

图 6-4　NH_3-CO_2-H_2O 体系相平衡示意图

6.3.3　数学模型

（1）液相部分

在平衡态下，液相组分分布通过下述平衡反应式进行描述：

$$NH_3 + H_2O \overset{K_1}{\longleftrightarrow} NH_4^+ + OH^-$$ 　　　　（6-13）

$$CO_2 + H_2O \overset{K_2}{\longleftrightarrow} HCO_3^- + H^+ \tag{6-14}$$

$$HCO_3^- \overset{K_3}{\longleftrightarrow} CO_3^{2-} + H^+ \tag{6-15}$$

$$NH_3 + HCO_3^- \overset{K_4}{\longleftrightarrow} NH_2COO^- + H_2O \tag{6-16}$$

$$H_2O \overset{K_5}{\longleftrightarrow} H^+ + OH^- \tag{6-17}$$

由于液相为电解质溶液偏离了理想溶液，其相关性质必须通过活度系数进行修正。上述公式的平衡系数与组分浓度及活度系数的关系如下：

$$K_R = \Pi (\gamma_i m_i)^{n_i} \tag{6-18}$$

式中，γ_i 为组分 i 的活度系数；m_i 为组分 i 的浓度；n_i 为组分 i 的化学反应计量系数。其中生成物 n_i 为正，反应物 n_i 为负。由此可见，上述化学平衡关系构成了一组非线性方程组。式(6-17) 中的 OH^- 与 H^+ 的浓度往往比其他组分低多个数量级，这就增加了非线性方程组的刚性，不利于数值求解的收敛。并且，由于 OH^- 与 H^+ 的浓度极低，其对物质平衡、电中性等关系影响不大，可以忽略。因此，通过式(6-13)＋式(6-14)＋式(6-17)和式(6-13)＋式(6-15)－式(6-17)来消去 OH^- 与 H^+。此外，求解过程中将水的浓度视作常数。

活度系数 γ_i 的计算方法通常包括 Pitzer 模型、E-NRTL 模型和 UNIQUAC 模型等[4]。为简化计算，本节采用 Krop[5] 提出的"物种群"的方法计算活度系数，如式(6-19) 所示：

$$\begin{aligned} Ln\gamma_I = \partial[G^E/n_wRT]/\partial m_i = f_1^\phi Z_i^2 + 2\sum_e m_e \left[\sum_f \frac{\partial m_f}{\partial m_i}(B_{ef}^0 + B_{ef}^1 f_2) \right] \\ - f_2^\phi Z_i^2 \sum_e \sum_f m_e m_f B_{ef}^1 + 3\sum_e \sum_f m_e m_f \left[\sum_g \frac{\partial m_g}{\partial m_i} T_{efg} \right] \end{aligned} \tag{6-19}$$

式中，Z_i 为离子 i 的电荷；f_1^ϕ、f_2 和 f_2^ϕ 均为离子强度 I 的函数；B_{ef}^0、B_{ef}^1 和 T_{efg} 等则为物种群相关系数。

除满足上述化学平衡关系，液相组分还满足元素守恒和电中性条件：

$$m_{tot,N} = m_{NH_3} + m_{NH_4^+} + m_{NH_2COO^-} \tag{6-20}$$

$$m_{tot,C} = m_{CO_2} + m_{CO_3^{2-}} + m_{NH_2COO^-} + m_{HCO_3^-} \tag{6-21}$$

$$m_{NH_4^+} = 2m_{CO_3^{2-}} + m_{NH_2COO^-} + m_{HCO_3^-} \tag{6-22}$$

式中，$m_{tot,N}$、$m_{tot,C}$ 分别为溶液中的 N、C 元素总质量摩尔浓度。

(2) 气相部分

在相平衡条件下，气相组分分压与液相组分浓度存在以下对应关系：

$$y_i \varphi_i P = H_{i,w} \exp[v_i^\infty(P - P_w^s)/RT]\gamma_i m_i; i = CO_2, NH_3 \tag{6-23}$$

$$y_w \varphi_w P = \alpha_w P_w^s \varphi_w^s \exp[v_w(P - P_w^s)/RT] \tag{6-24}$$

式中，φ 为逸度系数，以修正气体混合物对理想混合物的偏离，此处简化取为

1；右侧指数项为压力项修正，在低压下可以忽略改修正，其值取为 1；$H_{i,w}$ 为组分 i 在水溶液中的 Henry 常数。

（3）固相部分

本案例中，只考虑 NH_4HCO_3 的析出，析出的临界条件为：

$$(\gamma_{NH_4^+} m_{NH_4^+})(\gamma_{HCO_3^-} m_{HCO_3^-}) \geq K_s \tag{6-25}$$

6.3.4 程序设计与运算

程序设计思路如图 6-5 所示：

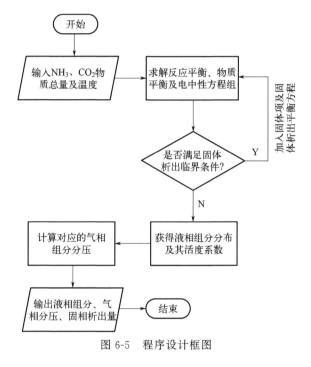

图 6-5　程序设计框图

与上一节不同，本节将所有程序放在同一函数文件中，并采用全局变量的方式进行参数调用，具体程序如下：

```
function[m_spec,p_vap,r_liq,flag]=PhaseEquil(x_data)
%
% 本函数用以计算 NH3-H2O-CO2 体系相平衡
% 活度系数采用 Krop 提出的"物种群"方法
%
% 输入参数：
% x_data:x_data(1)NH3 液相总浓度,x_data(2)CO2 总浓度,x_data(3)溶液温度 K
%
```

```
% 输出参数：
% m_spec:液相组分[NH3 NH4 NH2COO CO2 HCO3 CO3][mol/L]
% 忽略了 molality 与 molarity 差异，最后项为固相 NH4HCO3
% p_vap:气相组分分压[NH3 CO2 H2O][kPa]
% r_liq:液相组分的活度系数
% flag:fsolve 求解收敛标识


%% 参数设置
global M_A M_C T BAA BAC BCA A K_chem k_solid;
M_A=x_data(1);M_C=x_data(2);T=x_data(3);
Phi0=8.854e-12;Phi=78.41;R=8.31;Rho_w=997;E=1.602e-19;NA=6.02e23;
%介电常数,相对介电常数,气体常数,水的密度,电子电荷,阿伏伽德罗常数
A=1/3*(E^2/Phi0/Phi/R/T)^1.5*NA^2/8/pi*(2*Rho_w)^0.5;


%%"物种群"作用参数:A-氨物质群,C-碳物种群
Para=[-4.6263 1.6819 0.5615 -0.0025 0.4771 -2.446e-4 2.4807e-4];
BAA=0.04166-0.000096975*T;
BAC=[0 0 0];BCA=[0 0 0];
BAC(1)=Para(1)*BAA;
BCA(1)=Para(2)*BAA;
BAC(2)=Para(3)+Para(4)*T;
BCA(2)=Para(5)*BAC(2);
BAC(3)=Para(6);
BCA(3)=Para(7);


%% 化学反应平衡常数
C=[97.97 -5914.082 -15.06399 -1.1008e-2;
   102.2755 -7726.01 -14.50613 -2.7984e-2;
   116.7371 -9137.258 -18.11192 -2.2456e-2;
   20.15214 604.1164 -4.017263 0.503e-2
   140.932 -13445.9 -22.4773 0];% 化学平衡计算常数
K_chem=C*[1;1/T;log(T);T];
K_chem=exp(K_chem);
K_chem=[K_chem(1)*K_chem(2)/K_chem(5),K_chem(1)*K_chem(3)/K_chem(5),...
   K_chem(4)];
k_solid=exp(8.3413-2465.32/T);% 固体析出临界常数


%% Henry 常数
C_H=[3.932 -1879.02 0 0 -355134.1;
   192.876 -9624.4 0.01441 -28.749 0];%
B_H=[1;1/T;T;log(T);1/T^2];
```

```matlab
H_N=exp(C_H(1,:)*B_H)*1e6/101325;% NH3 Henry 常数[atm*L/mol]
H_C=exp(C_H(2,:)*B_H)*1e6/101325;% CO2 Henry 常数[atm*L/mol]


%% 水的饱和分压
p_c=22.064;% 水的临界压力,[MPa]
T_c=647.14;% 水的临界温度,[K]
tau=1-T/T_c;
A_w=[-7.85823 1.83991 -11.7811 22.6705 -15.9393 1.77516];
t=[tau;tau^1.5;tau^3;tau^3.5;tau^4;tau^7.5];
p_s=p_c*exp(T_c/T*(A_w*t))*1e6/101325;%水饱和分压,[atm]


%% 求解液相组分
m_spec0=[M_A/2;M_A/2;M_C/2;M_C/2;M_C/2;M_C/6];% 初始数值
[m_spec,~,flag]=fsolve(@NormalPhase,m_spec0);% 求解无固体析出情况
cri_liq=m_spec(2)*m_spec(5)*r_liq(2)*r_liq(5);% 判断是否有固体析出
if cri_liq>k_solid
    m_spec0=[M_A/2;M_A/2;M_C/2;M_C/2;M_C/2;M_C/6;0];
    [m_spec,~,flag]=fsolve(@CriticalPhase,m_spec0);% 存在固体析出
else
    m_spec=[m_spec;0];
end
p_vap=[0 0 0];
p_vap(1)=H_N*r_liq(1)*m_spec(1);
p_vap(2)=H_C*r_liq(4)*m_spec(4);
p_vap(3)=r_liq(7)*p_s;%atm
p_vap=p_vap*101.325;% 转化为 kPa


%% 液相无固体析出
    function F=NormalPhase(x)
        I=(x(2)+x(3)+x(5)+4*x(6))*0.5;% 离子强度
        r_liq=Activity(I);% 求解活度系数
        F=[x(1)+x(2)+x(3)-M_A;% 氨平衡
            x(3)+x(4)+x(5)+x(6)-M_C;% 碳平衡
            -x(2)+x(3)+x(5)+2*x(6);% 电中性
            x(2)*x(5)*r_liq(2)*r_liq(5)-K_chem(1)*x(1)*x(4)*r_liq(1)*...
            r_liq(4)*r_liq(7);
            x(2)*x(6)*r_liq(2)*r_liq(6)-K_chem(2)*x(1)*x(5)*r_liq(1)*...
            r_liq(5);
            x(3)*r_liq(3)*r_liq(7)-K_chem(3)*x(1)*x(5)*r_liq(1)*r_liq(5)];
    end


%% 液相有固体析出
```

```
function F=CriticalPhase(x)
    I=(x(2)+x(3)+x(5)+4*x(6))*0.5;
    r_liq=Activity(I);
    F=[x(1)+x(2)+x(3)+x(7)-M_A;% x(7)为加入的固体项
      x(3)+x(4)+x(5)+x(6)+x(7)-M_C;
      -x(2)+x(3)+x(5)+2*x(6);
      x(2)*x(5)*r_liq(2)*r_liq(5)-K_chem(1)*x(1)*x(4)*r_liq(1)*r_liq(4)*r_liq(7);
      x(2)*x(6)*r_liq(2)*r_liq(6)-K_chem(2)*x(1)*x(5)*r_liq(1)*r_liq(5);
      x(3)*r_liq(3)*r_liq(7)-K_chem(3)*x(1)*x(5)*r_liq(1)*r_liq(5);
      x(2)*r_liq(2)*x(5)*r_liq(5)-k_solid];%增加了固体析出的临界条件
end
```

%% 活度系数求解
```
function  R=Activity(I)
    f=zeros(1,5);
    f(1)=-A*(sqrt(I)/(1+1.2*sqrt(I))+2/1.2*log(1+1.2*sqrt(I)));%f1r
    f(2)=1/(4*I^2)*(1-(1+2*sqrt(I)+2*I)*exp(-2*sqrt(I)));%f2r
    f(3)=1/2/I*(1-(1+2*sqrt(I))*exp(-2*sqrt(I)));%f2
    f(4)=-A*2*I^1.5/(1+1.2*sqrt(I));%f1phi
    f(5)=exp(-2*sqrt(I));%f2phi
    R=zeros(1,7);
    R(1)=exp(2*(M_A*BAA+M_C*(BCA(1)+BCA(2)*f(3)))+3*(2*M_A*
M_C*BAC(3)+M_C^2*BCA(3)));% R_NH3
    R(2)=exp(f(1)+2*(M_A*BAA+M_C*(BCA(1)+BCA(2)*f(3)))-f(2)*
(M_A*M_C*BAC(2)+M_C*M_A*BCA(2))+3*(2*M_A*M_C*BAC(3)...
      +M_C^2*BCA(3)));% R_NH4+
    R(3)=exp(f(1)+2*(M_A*BAA+M_A*(BAC(1)+BAC(2)*f(3))+M_C*
(BCA(1)+BCA(2)*f(3)))-f(2)*(M_A*M_C*BAC(2)+M_C*M_A*BCA(2))...
      +3*(M_A^2*BAC(3)+2*M_A*M_C*(BAC(3)+BCA(3))+M_C^2*
BCA(3)));
      % R_NH2COO-
    R(4)=exp(2*M_A*(BAC(1)+BAC(2)*f(3))+3*(M_A^2*BAC(3)+
2*M_A*M_C*BCA(3)));%R_CO2
    R(5)=exp(f(1)+2*M_A*(BAC(1)+BAC(2)*f(3))-f(2)*(M_A*M_C*BAC
(2)+M_C*M_A*BCA(2))+3*(M_A^2*BAC(3)+2*M_A*M_C*BCA(3)));%
R_HCO3
```

```
        R(6)＝exp(4*f(1)+2*M_A*(BAC(1)+BAC(2)*f(3))-4*f(2)*(M_A*M_C
*BAC(2)+M_C*M_A*BCA(2))+3*(M_A^2*BAC(3)+2*M_A*M_C*BCA(3)));
        %R_CO3
        R(7)＝exp(-18e-3*(f(4)+M_A^2*BAA+M_A*M_C*((BCA(1)+BAC(1))+...
            (BAC(2)+BCA(2))*f(5))+6*M_A*M_C*(M_A*BAC(3)+M_C*BCA(3)))
            -log(1+18e-3*(M_A+M_C)));%a_w
        R=[R(1);R(2);R(3);R(4);R(5);R(6);R(7)];
    end


%% 显示结果
disp('液相组分浓度结果如下(mol/L):');
disp(['NH3(aq)浓度:',num2str(m_spec(1))]);
disp(['NH4 浓度:',num2str(m_spec(2))]);
disp(['NH2COO 浓度:',num2str(m_spec(3))]);
disp(['HCO3 浓度:',num2str(m_spec(5))]);
disp(['CO3 浓度:',num2str(m_spec(6))]);
disp('固相析出浓度结果如下(mol/L):');
disp(['NH4HCO3(s)浓度:',num2str(m_spec(7))]);
disp('气相分压结果如下(kPa):');
disp(['NH3 分压:',num2str(p_vap(1))]);
disp(['CO2 分压:',num2str(p_vap(2))]);
disp(['H2O 分压:',num2str(p_vap(3))]);


end
```

6.3.5 结果展示与分析

图 6-6(a) 展示了初始氨溶液浓度为 2.86mol/L、溶液温度为 333.15K 条件下，液相各组分浓度的变化规律。可以看出，随着氨溶液中 CO_2 负载（即 C 元素摩尔浓度与 N 元素摩尔浓度的比值）的增加，游离的 NH_3 浓度快速下降，而 NH_4^+ 浓度则相应地快速上升；NH_2COO^- 浓度呈现出先上升后下降的变化规律；HCO_3^- 浓度在初始时增长缓慢，随后快速上升；游离的 CO_2、CO_3^{2-} 则全程浓度均较低。低 CO_2 负载时，NH_2COO^- 为主要含碳物质；当 CO_2 负载超过 0.5 时，HCO_3^- 为主要含碳物质。由反应式(6-16)可知，NH_2COO^- 浓度下降的主要原因是：高 CO_2 负载下 NH_2COO^- 转化为 HCO_3^-。

在图 6-6(b) 中的气相侧，随 CO_2 负载的增加，水蒸气分压几乎保持不变，而

NH_3 分压则呈现出下降规律，这是由于液相中的游离 NH_3 大量减少所导致。此外，CO_2 分压随着 CO_2 负载的增加呈现快速上升，这是由于液相中的游离 CO_2 增加所导致。

另外，从结果中可以看出，在示例条件下固体物 NH_4HCO_3 没有析出。

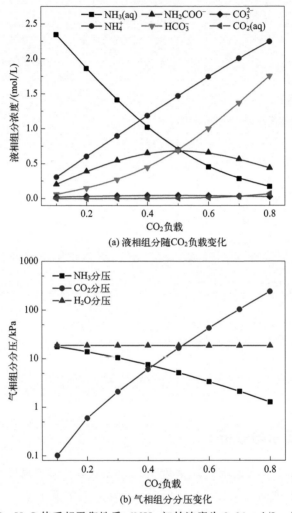

(a) 液相组分随 CO_2 负载变化

(b) 气相组分分压变化

图 6-6　NH_3-CO_2-H_2O 体系相平衡性质（NH_3 初始浓度为 2.86mol/L，温度为 333.15K）

参 考 文 献

［1］　朱开宏，袁渭康．化学反应工程分析［M］．北京：高等教育出版社，2002．

［2］　Wang X G，Conway W，Fernandes D，et al. Kinetics of the Reversible Reaction of CO_2（aq）with Ammonia in Aqueous Solution［J］. The Journal of Physical Chemistry A，2011，115（24）：6405-6412.

［3］　Turns S R. An Introduction to Combustion：Concepts and Applications. 3rd ed［M］. New York：

McGraw-Hill Education，2011：752.

［4］ Turns S R. 燃烧学导论：概念与应用（第 3 版）［M］. 姚强，李水清，王宇，译 . 北京：清华大学出版社，2015.

［5］ 李以圭，陆九芳 . 电解质溶液理论［M］. 北京：清华大学出版社，2005.

［6］ Krop J. New approach to simplify the equation for the excess Gibbs free energy of aqueous solutions of electrolytes applied to the modelling of the NH_3-CO_2-H_2O vapour-liquid equilibria［J］. Fluid Phase Equilibr，1999，163（2）：209-229.

第7章

流体机械模拟

7.1 离心泵内部流动模拟

7.1.1 引言

离心泵是常见的流体机械之一，广泛用于市政供水、远距离输水、灌溉排涝等领域。随着计算机模拟技术的不断发展，计算流体动力学（Computational Fluid Dynamics，CFD）越来越多地被应用在离心泵的设计与研究中。目前，除了部分极端工况（如关死点附近），离心泵的 CFD 模拟结果已经比较可靠。本节将以某离心泵叶轮为例，介绍离心泵在 OpenFOAM 中的 CFD 模拟过程。

OpenFOAM 是一款完全由 C++编写的面向对象的 CFD 开源程序，全名为 Open Source Field Operation and Manipulation。软件采用基于非结构网格的有限体积法（finite volume method，简称 FVM）离散偏微分方程，可实现旋转机械、多相流、热、化学反应、多孔介质等各种流动的模拟计算。凭借开源的特点以及较快的更新速度，OpenFOAM 在全世界范围内拥有越来越多的用户，基于该软件的 CFD 研究也越来越多。

OpenFOAM 是基于 Linux 环境开发的一套 CFD 程序，其官网上提供了多种支持方式，如已可在 Windows 10 系统下直接安装。本书选用 OpenFOAM-2.3.0 版本，该版本的功能可满足大部分用户的需求。

不同于大多数商业 CFD 软件，OpenFOAM 并没有交互界面，而是通过指令调用程序。因此，对于习惯了 Windows 的读者，需要调整使用习惯。关于该软件的详细教程，读者可参考文献 [1]。

7.1.2 物理模型

【**例题 7-1**】 本例选用的离心泵是一个两级离心泵，如图 7-1 所示，其几何参数如表 7-1 所示。设计工况下，泵的流量为 $3.06 \times 10^{-3} \mathrm{m}^3/\mathrm{s}$，扬程为 $1.75\mathrm{m}$，转速为 $725\mathrm{r/min}$。

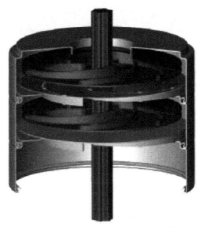

图 7-1 离心泵叶轮示意图[2]

表 7-1 离心泵的几何参数

几何参数	数值	单位
进口直径 D_1	71	mm
出口直径 D_2	190	mm
进口高度 b_1	13.8	mm
出口高度 b_2	5.8	mm
叶片数 Z	6	—
叶片厚度 t_b	3	mm
进口角 β_1	19.7	(°)
出口角 β_2	18.4	(°)
叶片曲率半径 R_b	70	mm
比转速 N_s	96.2	—

在设计工况下，离心泵叶轮流道内流态较好，且各流道的流动结构相近，可近似为轴对称流动。为降低计算资源消耗，可选取 2 个流道进行模拟，并在圆周方向采用周期性边界，如图 7-2 所示。整个计算域划分为旋转域与静止域，其中旋转域即为叶轮，同时将叶轮进口进行了适当延伸；静止域是在对叶轮出口的延伸。这些都是为确保更好的进流与出流条件。

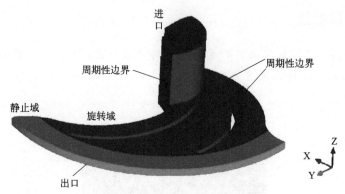

进口

周期性边界

周期性边界

静止域

旋转域

出口

图 7-2 离心泵叶轮几何模型与边界

7.1.3 数学模型

离心泵内部流动的数值模拟主要是湍流场的计算，本算例采用 SAS（scale-adaptive simulation）-SST 湍流模型，这个模型是在剪切应力传输模型（shear stress transfer，SST）的基础上发展而来，SST 模型方程如下：

$$\frac{\partial(\rho k)}{\partial t}+\frac{\partial(\rho U_j k)}{\partial x_j}=p_{\mathrm{k}}-\beta^*\rho\omega k+\frac{\partial}{\partial x_j}\left[(\mu+\sigma\mu_{\mathrm{t}})\frac{\partial k}{\partial x_j}\right] \tag{7-1}$$

$$\frac{\partial(\rho\omega)}{\partial t}+\frac{\partial(\rho U_j\omega)}{\partial x_j}=\frac{\gamma}{v_{\mathrm{t}}}p_k-\beta\rho\omega^2+\frac{\partial}{\partial x_j}\left[(\mu+\sigma_\omega\mu_{\mathrm{t}})\frac{\partial\omega}{\partial x_j}\right]$$

$$+2(1-F_1)\rho\sigma_{\omega2}\frac{1}{\omega}\frac{\partial k}{\partial x_j}\frac{\partial\omega}{\partial x_j} \tag{7-2}$$

式中，$\beta^*=0.09$；$\beta=0.075$；$\gamma=5/9F_1+0.44（1-F_1）$，$F_1$ 为耦合函数；k 为湍流动能；μ 为动力黏度；ω 为湍流比耗散率；μ_{t} 为涡黏系数；j 为张量下标，取值为 1、2、3；p_{k} 为湍动能生成率，定义为

$$p_{\mathrm{k}}=\mu_{\mathrm{t}}S_{ij}S_{ij} \tag{7-3}$$

式中，S_{ij} 为应变率张量。

涡黏系数表达式为

$$\mu_{\mathrm{t}}=\frac{\rho k}{\max\left(\omega,\dfrac{\Omega F_2}{a_1}\right)} \tag{7-4}$$

其中：

$$F_2=\tanh\left[(\mathrm{arg}_2)^2\right] \tag{7-5}$$

$$\mathrm{arg}_2=\min\left(2\frac{\sqrt{k}}{\beta^*\omega d},\frac{500\mu}{\omega d^2}\right) \tag{7-6}$$

在 SST 模型的 ω 方程中添加源项 Q_{SAS}，即为 SAS-SST 模型：

$$\frac{\partial(\rho k)}{\partial t}+\frac{\partial(\rho U_j k)}{\partial x_j}=p_k-\beta^*\rho\omega k+\frac{\partial}{\partial x_j}\left[(\mu+\sigma\mu_t)\frac{\partial k}{\partial x_j}\right] \quad (7-7)$$

$$\frac{\partial(\rho\omega)}{\partial t}+\frac{\partial(\rho U_j\omega)}{\partial x_j}=\frac{\gamma}{\nu_t}p_k-\beta\rho\omega^2+\frac{\partial}{\partial x_j}\left[(\mu+\sigma_\omega\mu_t)\frac{\partial\omega}{\partial x_j}\right]$$
$$+2(1-F_1)\rho\sigma_{\omega2}\frac{1}{\omega}\frac{\partial k}{\partial x_j}\frac{\partial\omega}{\partial x_j} \quad (7-8)$$

其中，源项 Q_{SAS} 的表达式为

$$Q_{SAS}=\max\left[\rho\xi_2\kappa S^2\left(\frac{L}{L_{VK}}\right)^2-C\frac{2p_k}{\sigma_\phi}\max dr_y\left(\frac{|\nabla\omega|^2}{\omega^2},\frac{|\nabla k|^2}{k^2}\right),0\right] \quad (7-9)$$

式中，κ 为冯卡门常数；S 是应变率张量；L 是湍流模型的第一特征长度尺度：

$$L=\sqrt{k}/(c_u^{1/4}\omega) \quad (7-10)$$

L_{VK}，即冯卡门尺度，是湍流模型的第二特征长度尺度，它能够自适应地随当地解析的湍流涡结构而变化：

$$L_{VK}=\frac{\kappa s}{|\nabla^2 Z|} \quad (7-11)$$

$$|\nabla^2 Z|=\sqrt{|\nabla^2 U|+|\nabla^2 V|+|\nabla^2 W|} \quad (7-12)$$

SAS-SST 模型常数的取值见表 7-2。

表 7-2　SAS-SST 模型常数的取值

ζ_2	σ_Φ	C	C_μ	β^*
3.51	2/3	2	0.09	0.09

7.1.4　模拟设计与设置

在 OpenFOAM 中，模拟流程与其他软件相似：网格划分/导入→初始条件、边界条件设置→湍流模型、流体属性设置→数值格式、求解算法、求解设置。

7.1.4.1　网格

为便于使用，本例的文件中已导入三维网格，总网格数为 416837，如图 7-3（a）所示，在叶片附近进行了局部加密，见图 7-3（b）、图 7-3（c）。该网格基于 GAMBIT 生成，感兴趣的读者可参考文献 [3]。

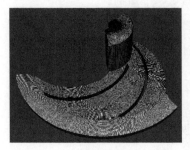  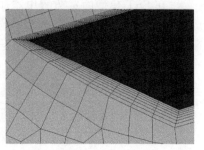

(a) 整体网格　　　　　(b) 叶片进水边附近网格　　　　(c) 叶片出水边附近网格

图 7-3　计算域网格

7.1.4.2　初始值和边界条件

OpenFOAM 中，针对计算过程中需要输入的变量，都应设置相应的边界条件。本例所设置的边界名称如表 7-3 所示，其中叶轮设置为旋转，除了叶轮外的其他部分均为静止，交界面使用 AMI（arbitrary mesh interface）连接。进口为速度进口，出口为压力出口，相对静压设置为 0，两侧面为旋转周期性边界，其余边界为固体壁面。

表 7-3　边界名称设置

位置	名称
进口	IN
出口	OUT
动静交界面	rotor_inter、statorinter
转轮周期面	per1_rotor、per2_rotor
延长段周期面	per1_stator、per2_stator
其他位置	blade、shroud、hub、statorwall

初始结果及边界条件均位于算例主目录下的"0"文件夹内，如图 7-4 所示，其中"k"为亚格子湍动能 k，"U"为速度 u，"p"为压力 p，"nuSgs"为涡黏系

(a) 算例主目录结构

(b) "0" 文件夹内文件结构

图 7-4　边界条件与初始条件所在目录结构

数 μ_t，"omega" 为湍流比耗散率 ω。

表 7-4　边界条件设置

边界名称	omega	k	U
INLET	type：fixedValue value：uniform 0.568	type：fixedValue value：uniform 0.0016	type：fixedValue Value：uniform(0 0 −0.81)；
OUTLET	type：inletOutlet value：uniform 0.568	type：inletOutlet value：uniform 0.0016	zeroGradient
blade	zeroGradient	zeroGradient	type：fixedValue value：uniform 0
Shroud Hub statorwall	type：omegaWallFunction value：uniform 0.568	type：kqRWallFunction value：uniform 0.0016	type：fixedValue value：uniform 0
边界名称	nuSgs	P	
INLET	type：calculated value：uniform 0	zeroGradient	
OUTLET	type：calculated value：uniform 0	type：fixedMean value：uniform 0	
blade	zeroGradient	zeroGradient	
Shroud Hub statorwall	zeroGradient	zeroGradient	

　　边界条件的具体设置见表 7-4，其中湍动能 $k=1.5$ $(0.16 U Re^{-0.125})^2$ （U 取计算域进口速度 0.81m/s，雷诺数 Re 为 $\rho U D_1 / \nu = 57510$），湍流比耗散率 ω 的计算公式为 $\omega = k^{0.5}/L$（L 为湍流特征长度，其值取进口直径 0.071m）。另外，动静交界面均使用边界类型 cyclicAMI，转轮周期面与延长段周期面均使用 cyclic 类型。

7.1.4.3　湍流模型、流体属性设置

　　湍流模型与流体属性的设置位于图 7-4 所示的 "constant" 文件夹中，该目录下的文件见图 7-5，其中："polyMesh" 是网格信息；"g" 用于设置重力加速度；

图 7-5　"constant" 文件夹内文件结构

"turbulenceProperties"用于设置湍流模型的类型；"LESProperties"用于设置大涡模拟（Large Eddy Simulation，LES）模型的相关参数；"transportProperties"用于设置流体属性。

由于本例不考虑重力的影响，因此在"g"文件内重力的定义为 0：

```
value            (0 0 0);
```

模拟采用 SAS-SST 模型，尽管该模型是基于雷诺平均 Navier-Stokes（Reynolds Averaged Navier-Stokes，RANS），但可以获得接近 LES 的结果，因此 OpenFOAM 将其划分为 LES 模型类别 LESModel，"turbulenceProperties"中设置为：

```
simulationType LESModel;
```

SAS SST 模型在"LESProperties"中的设置如下：

```
LESModel            kOmegaSSTSAS;        // 选择 SAS-SST 模型
```

"transportProperties"中定义的流体介质水的属性，如下：

```
water                                    // 水的属性
{
  transportModel Newtonian;              // 牛顿流体
  nu            [0 2 -1 0 0 0 0] 1e-06;  // 运动黏度
  rho           [1 -3 0 0 0 0 0]998.16;  // 密度
```

7.1.4.4　数值格式、求解算法、求解设置

求解的相关设置，如时间步长、输出间隔等，是在图 7-4 中"system"目录下的"controlDict"文件实现的，具体如下：

```
application       pimpleFoam;           // 求解器名称
startFrom         startTime;            // 计算从 startTime 开始
startTime         0;                    // 0s
stopAt            endTime;              // 计算在 endTime 结束
endTime           0.8;                  // 0.8s
deltaT            1.0e-04;              // 时间步长,单位 s
writeControl      adjustableRunTime;    //
writeInterval     0.02;                 // 计算结果保存间隔,单位 s
purgeWrite        0;                    // 不覆盖计算结果
```

```
writeFormat              ascii;                            // 文件的编码格式
writePrecision           6;                                // 精度
writeCompression         uncompressed;                     // 计算结果不压缩
timeFormat               general;                          // 时间格式
runTimeModifiable        yes;                              // 计算过程中可修改 control-
                                                           //    Dict 中的设置
adjustTimeStep           off;                              // 不自动调整时间步长
libs("libOpenFOAM. so" "libsimpleFunctionObjects. so");// 加载动态库
functions                                                  // 功能
{
fieldAverage1                                              // 计算变量平均值
  {
    type               fieldAverage;
    functionObjectLibs("libfieldFunctionObjects. so");
    enabled            true;
    outputControl      outputTime;                         // 计算时间控制输出结果
    timeStart          0.16;                               // 开始做平均的时间
    timeEnd            8;                                   // 结束做平均的时间
fields                                                     // 需处理的变量设置
  (
    U                                                     // 变量名称,速度
    {
      mean             on;                                 // 做一阶平均值
      prime2Mean       on;                                 // 做二阶平均值
      base             time;                               // 时间平均
    }
    p
    {
      mean             on;                                 // 做一阶平均值
      prime2Mean       on;                                 // 做二阶平均值
      base             time;                               // 时间平均
    }
  );
  }
```

上述设置确认之后，在算例的主目录下打开终端（Ctrl＋Alt＋T），加载
OpenFOAM 环境变量之后，输入如下命令使用 pimpleFoam 求解器，回车执行并
等待计算完成：

```
pimpleFoam
```

如果电脑拥有多个核心，也可以并行计算。此时，在主目录下的"system"文件夹中打开"decomposeParDict"文件，将线程数修改为适合自己电脑的数值后保存：

```
numberOfSubdomains 28;// 数字为电脑所能利用的线程数量
```

随后，在主目录下打开终端，加载环境变量输入 decomposePar 后回车执行，最后输入如下命令，执行后等待计算完成：

```
mpirun-np 28 pimpleFoam-parallel
```

7.1.5　结果展示与分析

计算完成后，执行：paraFoam 打开 paraView，利用其中的 calculator 功能，计算 $K_{2d}=0.5(R_{uu}+R_{vv})$。显示 $t=0.8s$ 叶轮中截面上的云图分布，与 PIV 结果[2] 对比如图 7-6 所示，可知较高的湍流能量集中在叶片进口吸入面附近，即 PIV 结果中的 P_1 位置，显然，预测结果与 PIV 结果一致。

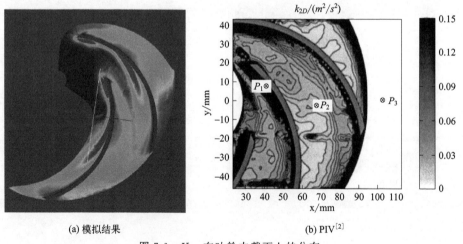

(a) 模拟结果　　　　　　　　(b) PIV[2]

图 7-6　K_{2d} 在叶轮中截面上的分布

获得上述结果的具体操作过程如下所述。

在主目录下打开终端并执行 paraFoam，打开 paraView，并加载 UPrime2Mean 变量，如图 7-7 所示（图中数字表示操作顺序，本节与 7.2 节相关图片均采用此方式，请读者注意）。

用图 7-8 标注出的工具栏调整到计算完成时刻 $t=0.8s$。

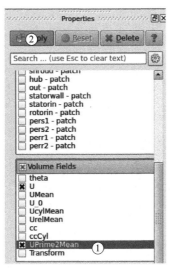

图 7-7　paraView 中加载 UPrime2Mean

图 7-8　时间调节工具栏

利用 clip 工具切除离心泵模型的静止域，如图 7-9 所示。

利用 slice 工具选取模型的中截面，如图 7-10 所示。

利用 Calculator 工具计算 K_{2d}，如图 7-11 所示。

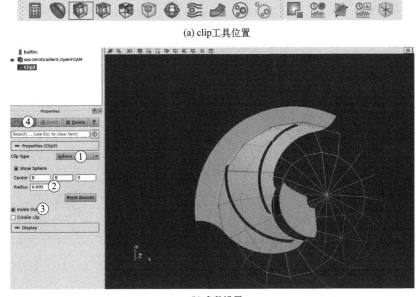

(a) clip 工具位置

(b) 参数设置

图 7-9　利用 clip 工具切除静止域

(a) slice工具位置

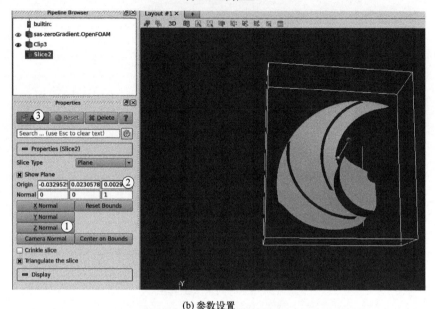

(b) 参数设置

图 7-10   利用 slice 工具截取叶轮中截面

(a) Calculator工具位置

(b) 操作过程

图 7-11   利用 Calculator 工具计算 K_{2d}

按图 7-12 的方式显示 K_{2d} 的分布，并调节颜色分布，即得到图 7-6 所示的结果。

(a) 选取变量K_{2d}

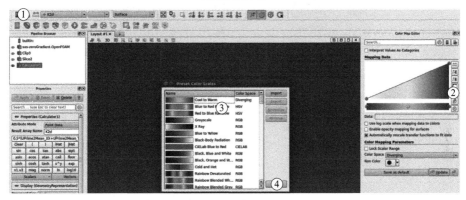

(b) 修改颜色模式

图 7-12　显示 K_{2d} 在叶轮中截面上的分布

7.2　水翼空化流场模拟

7.2.1　引言

空化是水力机械中的常见现象，起因是运转过程中的局部低压导致水的气化，形成气泡后破裂，继而产生高速、高压与高温射流，最终导致金属表面被破坏。轴流式水力机械中，叶片的基本构成单元是水翼，因此不少空化流动问题的研究是基于水翼完成的。本节将以 Clark-Y 翼型为例，介绍空化流动在 OpenFOAM 中的 CFD 模拟过程。

关于 OpenFOAM 的使用，本书 7.1 节已介绍部分内容，其余详细内容，读者可参考文献 [1]。

7.2.2　物理模型

【例题 7-2】　如图 7-13 所示，弦长 $C=0.07$m 的 Clark-Y 水翼放置于长 10C、

宽 2.7C 的水洞中，攻角为 8°。左侧均匀来流速度为 $U = 10\text{m/s}$，右侧出口的压力控制在 $p = 42300\text{Pa}$。请利用 OpenFOAM-2.3.0 对水翼空化流场进行二维模拟。

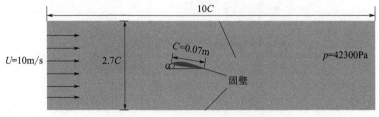

图 7-13　Clark-Y 水翼空化流场示意

7.2.3　数学模型

空化流场的计算包括两个部分：①湍流场；②两相流场。其中湍流场的求解是基础，采用相应的湍流模型，两相流场的求解涉及水与水蒸气之间的相变，需要用到特定的空化模型来处理。

7.2.3.1　湍流模型

本例同样采用 LES 计算湍流场，控制方程如下：

$$\frac{\partial(\rho\overline{u}_i)}{\partial x_i} = 0 \tag{7-13}$$

$$\frac{\partial\overline{u}_i}{\partial t} + \frac{\partial}{\partial x_j}(\overline{u}_i\overline{u}_i) = -\frac{1}{\rho}\frac{\partial\overline{p}}{\partial x_i} + \frac{\partial}{\partial x_j}\left[\nu\left(\frac{\partial\overline{u}_i}{\partial x_j} + \frac{\partial\overline{u}_j}{\partial x_i}\right)\right] + \frac{\partial\tau_{ij}^d}{\partial x_j} + S_i \tag{7-14}$$

式中，u 为速度；p 为压力；ν 为运动黏度；S 为动量源项；i、j 为张量下标，取值为 1、2、3；τ_{ij}^d 为亚格子应力；"-"表示滤波后的变量。

为了使方程组封闭，采用动态 Smagorinsky 模型模化 τ_{ij}^d：

$$-\tau_{ij}^d = 2\nu_t\overline{S}_{ij} = 2(C_s\overline{\Delta})^2\overline{S}\overline{S}_{ij} \tag{7-15}$$

$$C_s^2 = \frac{M_{ij}L_{ij}}{M_{kl}M_{kl}} \tag{7-16}$$

式中，ν_t 为涡黏系数；"～"表示二次滤波后的变量。其余量的定义为

$$\overline{S}_{ij} = \frac{1}{2}\left(\frac{\partial u_i}{\partial x_j} + \frac{\partial u_j}{\partial x_i}\right) \tag{7-17}$$

$$\overline{S} = (2\overline{S}_{ij}\overline{S}_{ij})^{1/2} \tag{7-18}$$

$$L_{ij} = T_{ij} - \widetilde{\overline{\tau}}_{ij} = \widetilde{\overline{u}_i}\,\widetilde{\overline{u}_j} - \widetilde{\overline{u}_i\overline{u}_l} \tag{7-19}$$

$$M_{ij} = 2\overline{\Delta}^2|\overline{S}|\overline{S}_{ij} - 2\widetilde{\overline{\Delta}}^2|\widetilde{\overline{S}}|\widetilde{\overline{S}}_{ij} \tag{7-20}$$

7.2.3.2 空化模型

为了处理水与水蒸气两相，采用 VOF（volume of fluid）方法追踪气液界面。其中液相体积分数 α_1 的输运方程为

$$\frac{\partial \alpha_1}{\partial t} + \boldsymbol{\nabla} \cdot (\alpha_1 \boldsymbol{u}) + \boldsymbol{\nabla} \cdot [\alpha_1 (1-\alpha_1) \boldsymbol{u}_c] = 0 \tag{7-21}$$

式中，$\boldsymbol{u}$ 为速度矢量；$\boldsymbol{u}_c$ 为压缩速度矢量。

为了将体积分数与控制方程相耦合，将表面张力 F_σ 作为源项引入动量方程式(7-2) 中，定义为

$$F_\sigma = \sigma \kappa(\phi) \delta(\phi) \boldsymbol{\nabla} \phi \tag{7-22}$$

由于存在相变，还应将质量传输率 $\dot{m}$ 考虑进来：

$$\frac{\partial \alpha_1}{\partial t} + \boldsymbol{\nabla} \cdot (\alpha_1 \boldsymbol{u}) = \dot{m} \tag{7-23}$$

空化模型的目的就是提供质量传输率的求解方法。本例采用 Schnerr-Sauer 空化模型[4]，如下：

$$\dot{m}^- = C_1 \frac{\rho_1 \rho_v}{\rho} \alpha_1 (1-\alpha_1) \frac{3}{R_b} \sqrt{\frac{2}{3} \left(\frac{p_v - p}{\rho_1} \right)}, p \leqslant p_v \tag{7-24}$$

$$\dot{m}^+ = C_2 \frac{\rho_1 \rho_v}{\rho} \alpha_1 (1-\alpha_1) \frac{3}{R_b} \sqrt{\frac{2}{3} \left(\frac{p - p_v}{\rho_1} \right)}, p > p_v \tag{7-25}$$

$$R_b = \left(\frac{1-\alpha_1}{\alpha_1} \frac{3}{4/\pi} \frac{1}{n} \right)^{1/3} \tag{7-26}$$

其中式(7-24) 表示凝结过程，液相质量增加，式(7-25) 表示蒸发过程，气相质量增加，p_v 为气化压力，ρ_1 与 ρ_v 分别为液相与蒸汽相的密度，R_b 为空化产生的气泡半径。

7.2.4 模拟设计与设置

7.2.4.1 网格

为便于使用，本例文件中已导入网格，总网格数为 58367，如图 7-14（a）所示，在翼型附近进行了局部加密，见图 7-14（b）。该网格基于 ICEM CFD 生成，感兴趣的读者可参考文献 [5]。

7.2.4.2 初始值与边界条件

OpenFOAM 中，针对计算过程中需要输入的变量，都应设置相应的边界条件与初始值。边界名称如表 7-5 所示，其中前后边界是 OpenFOAM 导入二维网格后自动生成的，这是因为 OpenFOAM 不能直接处理二维网格，需要在垂直于二维平

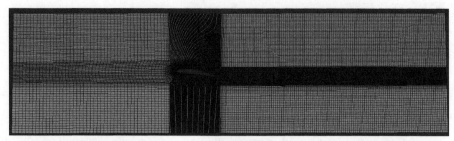

(a) 整体网格

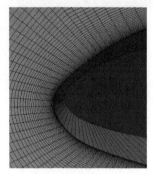

(b) 翼型头部附近网格

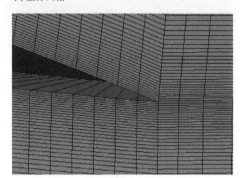

(c) 翼型尾部附近网格

图 7-14　Clark-Y 水翼空化计算网格

面的方向拉伸一层网格，由此形成两个面，即为 frontAndBackPlanes。

表 7-5　边界名称设置

位置	名称
进口	INLET
出口	OUTLET
翼型表面	WALLS
上下边界	SYMMETRY
前后边界	frontAndBackPlanes

　　OpenFOAM 中的边界条件与初始条件，均位于算例主目录下的"0"文件夹内，如图 7-15 所示，其中"k"为亚格子湍动能 k，"alpha.water"为水的体积分数，即 α_l，"U"为速度 u，"p_rgh"为压力 p，"nuSgs"为涡黏系数 ν_t。

　　本例的主要边界条件见图 7-14。此外，由于来流不含蒸气，进口处的液相体积分数应为 1，即 $\alpha_l = 0$；求解过程中需要实时计算亚格子湍动能 k，与雷诺平均方法类似的，可以在进口设置湍流强度为 5%。对于固壁，近壁区的 k 与 ν_t 一般可以采用壁面函数处理；而其他量则使用 Neumann 边界条件，将梯度设置为 0。为实现这些边界条件，需要对不同变量逐一进行设置，如表 7-6、表 7-7 与表 7-8 所示。除此之外，frontAndBackPlanes 属于自动拉伸的面，在实际求解中不起作用，因此边界条件均为 empty。

(a) 算例主目录结构

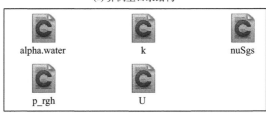

(b) "0" 文件夹内文件结构

图 7-15 边界条件与初始条件所在目录结构

表 7-6 alpha. water 与 k 的边界条件设置

边界名称	alpha. water	k
INLET	type fixedValue; value uniform 1;	type turbulentIntensityKineticEnergyInlet; intensity 0. 05; value uniform 0. 05;
OUTLET	type inletOutlet; inletValue uniform 1; value uniform 1;	type zeroGradient;
WALLS	type zeroGradient;	type kqRWallFunction; value uniform 10;
SYMMETRY	type zeroGradient;	type kqRWallFunction; value uniform 10;

表 7-7 nuSgs 与 p _ rgh 的边界条件设置

边界名称	nuSgs	p_rgh
INLET	type calculated; value uniform 0;	type zeroGradient;
OUTLET	type calculated; value uniform 0;	type fixedValue; value uniform 42300;
WALLS	type nutkWallFunction; Cmu 0. 09; kappa 0. 41; E 9. 8; value uniform 0;	type zeroGradient;
SYMMETRY	type nutkWallFunction; Cmu 0. 09; kappa 0. 41; E 9. 8; value uniform 0;	type zeroGradient;

表 7-8　U 的边界条件设置

边界名称	U
INLET	type fixedValue; value uniform(10 0 0);
OUTLET	type zeroGradient;
WALLS	type fixedValue; value uniform(0 0 0);
SYMMETRY	type fixedValue; value uniform(0 0 0);

由于空化过程具备强烈的非定常特征，其数值模拟所需时间较长。为缩短本次模拟时间，本书提供的算例中，alpha. water、U、p _ rgh 以及 nuSgs 的初始结果是事先已运行一段时间之后的，可快速使结果趋于真实情况。如图 7-16 所示为 alpha. water 文件内的信息；图 7-16(a) 为每个网格上的 α_l 值，位于文件的前半段；图 7-16(b) 为边界条件的设置，位于文件的末尾部分，与表 7-6 一致。

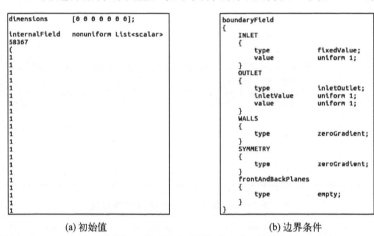

(a) 初始值　　　　　　　　　(b) 边界条件

图 7-16　alpha. water 文件内的信息

7.2.4.3　湍流模型、流体属性设置

湍流模型与流体属性的设置位于图 7-15 所示的"constant"文件夹中，该目录下的文件见图 7-17，其中"transportProperties"用于设置流体属性，包括空化模型。

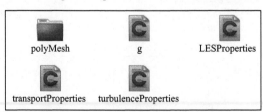

图 7-17　"constant"文件夹内文件结构

由于本例不考虑重力的影响，因此在"g"文件内重力的定义为 0：

```
value              (0 0 0);
```

模拟采用 LES 模型，因此"turbulenceProperties"中设置为：

```
simulationType LESModel;
```

LES 模型采用动态 Smagorinsky 模型，网格滤波尺度采用网格体积的 1/3 次方，二次滤波方式为 simple，因此"LESProperties"中的设置如下：

```
LESModel              homogeneousDynSmagorinsky;    // LES 模型选择
delta                 cubeRootVol;                  // 网格滤波尺度设置
printCoeffs           on;                           // 输出模型系数
cubeRootVolCoeffs                                   // cubeRootVol 网格滤波参数
                                                       设置
{
  deltaCoeff       1;
}
homogeneousDynSmagorinskyCoeffs                     // homogeneousDynSmagorinsky
                                                       模型参数设置
{
  filter             simple;                        // 二次滤波设置
}
```

"transportProperties"中定义的是两相的属性以及气化压力等，如下：

```
phases(water vapour);                               // 定义两相的名称,水为 water,水
                                                       蒸气为 vapour
phaseChangeTwoPhaseMixture SchnerrSauer;            // 空化模型选择为 Schnerr-Sauer
pSat      pSat       [1 -1 -2 0 0 0 0] 2338.6;      // 气化压力
sigma     sigma      [1 0 -2 0 0 0 0] 0.07;         // 表面张力系数
water                                               // 水的属性
{
  transportModel Newtonian;                         // 牛顿流体
  nu                 [0 2 -1 0 0 0 0] 9e-07;        // 运动黏度
  rho                [1 -3 0 0 0 0 0] 998.16;       // 密度
}
vapour                                              // 水蒸气的属性
{
  transportModel Newtonian;
```

```
    nu                      [0 2 -1 0 0 0 0] 4.273e-04;              // 运动黏度
    rho                     [1 -3 0 0 0 0 0] 0.02308;                // 密度
}
SchnerrSauerCoeffs                                                   // Schnerr-Sauer 空化模型系数
{
    n           n           [0 -3 0 0 0 0 0]    1.6e+13;
    dNuc        dNuc        [0 1 0 0 0 0 0]     2.0e-06;
    Cc          Cc          [0 0 0 0 0 0 0]     1;
    Cv          Cv          [0 0 0 0 0 0 0]     1;
}
```

7.2.4.4 数值格式、求解算法、求解设置

由于数值格式与求解算法涉及较多数学原理，本书对此不做过多介绍，有兴趣的读者可以参考文献 [1] 获取详细内容。

求解的相关设置，如时间步长、输出间隔等，是在图 7-15 中 "system" 目录下的 "controlDict" 文件实现的，具体如下：

```
application         interPhaseChangeFoam;           // 求解器名称
startFrom           startTime;                      // 计算从 startTime 开始
startTime           0;                              // 0s
stopAt              endTime;                        // 计算在 endTime 结束
endTime             0.5;                            // 0.5s
deltaT              2.0e-06;                         // 时间步长，单位 s
writeControl        adjustableRunTime;              //
writeInterval       2.0e-3;                         // 计算结果保存间隔，单位 s
purgeWrite          0;                              // 不覆盖计算结果
writeFormat         ascii;                          // 文件的编码格式
writePrecision      6;                              // 精度
writeCompression    uncompressed;                   // 计算结果不压缩
timeFormat          general;                        // 时间格式
runTimeModifiable   yes;                            // 计算过程中可修改 control-
                                                    //   Dict 中的设置
adjustTimeStep      off;                            // 不自动调整时间步长
libs("libOpenFOAM.so" "libsimpleFunctionObjects.so");// 加载动态库
functions                                           // 功能
{
    forceCoeffs                                     // 名称
{
    type            forceCoeffs;                    // 力系数计算
```

```
functionObjectLibs("libforces. so" );          // 加载动态库
outputControl    runTime;                        // 实时计算
writeInterval    1.0e-5;                          // 保存间隔时间,单位 s
log              yes;                             // 输出到 log 文件
patches          ("WALLS" );                     // 需要计算系数的边界名称
rho              rhoInf;                          // 不可压流体
rhoInf           1000;                            // 不可压流体的密度
liftDir          (0 1 0);                         // 升力方向
dragDir          (1 0 0);                         // 阻力方向
CofR             (0 0 0);                         // 用于计算力矩的点
pitchAxis        (0 1 0);                         // 转轴
magUInf          10;                              // 来流速度
lRef             0.07;                            // 参考长度
Aref             0.0010151;                       // 参考面积
}
}
```

上述设置确认之后，在算例的主目录下打开终端（Ctrl＋Alt＋T），加载 OpenFOAM 环境变量之后，输入如下命令使用 interPhaseChangeFoam 求解器，回车执行并等待计算完成：

```
interPhaseChangeFoam
```

如果电脑拥有多个核心，也可以并行计算。此时，在主目录下的"system"文件夹中打开"decomposeParDict"文件，将线程数修改为适合自己电脑的数值后保存：

```
numberOfSubdomains 16;// 数字为电脑所能利用的线程数量
```

随后，在主目录下打开终端，加载环境变量输入 decomposePar 后回车执行，最后输入如下命令，执行后等待计算完成：

```
mpirun -np 16 interPhaseChangeFoam -parallel
```

7.2.5 结果展示与分析

计算完成后，在主目录下出现"postProcessing"文件夹，/forceCoeffs/0/ forceCoeffs_1e-05. dat 即为计算过程中翼型的升阻力系数，其中 C_d 为阻力系数，

C_l 为升力系数。为排除计算初期数值误差的影响，取最后 9900 个数据作平均，得到阻力系数平均值为 0.137，升力系数平均值为 -0.759，表示升力沿 y 轴负方向。根据参考文献 [6] 的试验数据，阻力系数为 0.12，升力系数为 0.76，数值模拟与试验值的偏差分别为 14.2% 与 0.1%，说明数值模拟结果可信。

在主目录下打开终端并执行 paraFoam，打开 paraView，并加载 alpha. water 变量，如图 7-18 所示。

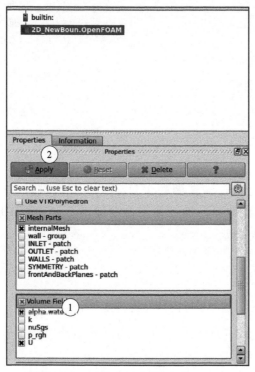

图 7-18　paraView 中加载 alpha. water

按图 7-19(a) 的方式显示 alpha. water 的分布，并调节颜色分布。在图 7-19 (b) 的 "Layout ♯1" 下方窗口内，按住鼠标左键使图形旋转到合适位置，并用鼠标滚轮放大翼型附近区域。

(a) 显示alpha.water的分布

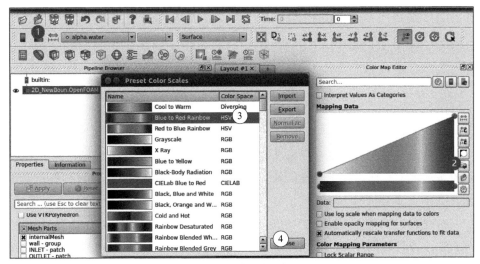

(b) 修改颜色分布模式

图 7-19　显示 alpha.water 的分布情况

用图 7-20(a) 标注出的工具栏调整对应的时刻，并观察体积分数分布，可以获知空化随时间的发展过程，如图 7-20(b)、图 7-20(c) 所示。水翼的空化，往往从翼型头部开始形成并附着在翼型上表面，如图 7-20 (c) 所示，随后，空化区域会逐渐脱落并向下游传播，如图 7-20(b) 所示。

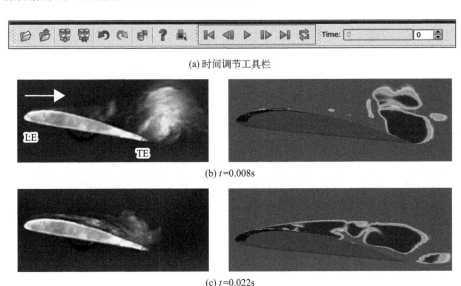

(a) 时间调节工具栏

(b) $t=0.008$s

(c) $t=0.022$s

图 7-20　空化形态对比（左：试验[7]；右：数值模拟）

这一空化现象是周期性重复出现，图 7-20(b) 为某一周期的后期，而图 7-20(c)则为另一周期的前期。

7.3　风力机翼型气动模拟

7.3.1　引言

　　风能等新能源的开发和利用是实现"双碳"战略目标的重要手段,其中风能的利用是通过风力机将空气的动能转换为电能。风力机的研发设计涉及空气动力学、结构动力学、复合材料力学、气象科学等学科的相关知识,其中空气动力学是设计风力机的基础。本节将通过两个案例介绍风力机的空气动力学仿真。首先,风力机叶片是由一系列不同厚度、不同弦长、不同扭角的翼型截面堆叠而成,翼型气动性能是决定风力机气动性能的基础。因此,本节内容将基于 XFOIL 开源程序对风力机翼型的气动性能进行仿真。

　　翼型所受的升力和阻力是作用于翼型表面的法向压力和切向摩擦力向气动中心作合力的结果。将合力分解到与来流方向垂直的方向,便得到升力;分解到与来流方向垂直方向,便得到阻力。通常人们用升力系数和阻力系数来表征翼型的气动性能,翼型的升力系数和阻力系数的定义分别为

$$C_l = \frac{L}{1/2\rho V_0^2 c} \tag{7-27}$$

$$C_d = \frac{D}{1/2\rho V_0^2 c} \tag{7-28}$$

　　式中,L 为翼型的升力;D 为翼型的阻力;ρ 为远处的来流密度;V_0 为远处的来流速度;c 为翼型的弦长。升力和阻力通常可以通过风洞实验或者计算仿真获得。

　　通过计算流体动力学方法求解完整的 NS 方程组可获得翼型的升、阻力系数,但是耗时较长,限制了其在优化设计中的应用。本章节介绍一款基于黏性-无黏流动耦合的涡面元方法程序 XFOIL[8],其具有较高的精度和较快的计算速度。该程序是由美国 Drela 博士采用 Fortran77 编写的一套用于设计和分析亚音速飞机翼型的开源程序。该程序是把绕翼型的流动求解分为不可压缩势流方程(二维势流方程,拉普拉斯方程)求解和边界层积分方程求解,同时可以考虑边界层的转捩和分离。如图 7-21 所示的为 XFOIL6.99 版本的交互式界面,本书案例使用的就是此版本。输入翼型的点坐标、入流攻角和雷诺数等基本参数,XFOIL 程序便能计算翼型的升力系数 C_l 和阻力系数 C_d。

```
SAVE f   Write airfoil to labeled coordinate file
PSAV f   Write airfoil to plain coordinate file
ISAV f   Write airfoil to ISES coordinate file
MSAV f   Write airfoil to MSES coordinate file
REVE     Reverse written airfoil node ordering

LOAD f   Read buffer airfoil from coordinate file
NACA i   Set NACA 4,5-digit airfoil and buffer airfoil
INTE     Set buffer airfoil by interpolating two airfoils
NORM     Buffer airfoil normalization toggle
XYCM rr  Change CM reference location, currently  0.25000 0.00000

BEND     Display structural properties of current airfoil

PCOP     Set current-airfoil panel nodes directly from buffer airfoil points
PANE     Set current-airfoil panel nodes ( 160 ) based on curvature
.PPAR    Show/change paneling

.PLOP    Plotting options

WDEF f   Write  current-settings file
RDEF f   Reread current-settings file
NAME s   Specify new airfoil name
NINC     Increment name version number

Z        Zoom     (available in all menus)
U        Unzoom

XFOIL  c>
```

图 7-21   XFOIL 程序交互界面

7.3.2   物理模型

【例题 7-3】   利用 XFOIL 程序计算 NACA0018 翼型（图 7-22）在 $-5°$ 到 $20°$ 攻角下的升力系数和阻力曲线。设定雷诺数为 2×10^6，马赫数为 0.15。比较翼型在光滑和粗糙条件下升阻力系数的区别，并导出数据。

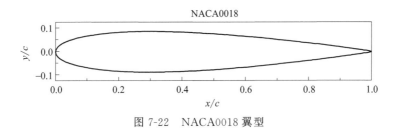

图 7-22   NACA0018 翼型

7.3.3   数学模型

XFOIL 程序同时耦合求解不可压缩无黏流方程和翼型边界层积分方程，进而实现翼型气动模拟仿真的快速计算。首先，二维不可压缩无黏流的翼型绕流求解，可通过势流理论在自由流上叠加翼型表面和尾流的涡单元和源单元进行求解，即将翼型的廓线、尾流线离散成众多面元，每个面元上分布着线性变化的涡和源（汇），根据翼型表面任意面元的流函数都为常值，利用库塔条件便可以得到线性方程组，再通过高斯消元法，便可得第 i 个面元涡强的计算公式：

$$\gamma_i = \gamma_{0i} \cos\alpha + \gamma_{90i} \sin\alpha + \sum_{j=1}^{N+N_\omega-1} b'_{ij}\sigma_j, 1 \leqslant i \leqslant N \tag{7-29}$$

受版面所限，方程中各参数的具体含义及其他相关方程在此将不再赘述，详情请见文献［1］。

其次，翼型表面黏性流动可通过冯卡门（von Karman）动量积分方程、能量积分方程和剪切应力系数滞后方程等边界层控制方程进行求解，其中动量积分方程、能量积分方程分别如式(7-30)、式(7-31) 所示：

$$\frac{\mathrm{d}\theta}{\mathrm{d}\xi}+(2+H-M_e^2)\frac{\theta}{u_e}\times\frac{\mathrm{d}u_e}{\mathrm{d}\xi}=\frac{C_\mathrm{f}}{2} \tag{7-30}$$

$$\theta\,\frac{\mathrm{d}H^*}{\mathrm{d}\xi}+(2H^{**}+H^*(1-H))\frac{\theta}{u_e}\times\frac{\mathrm{d}u_e}{\mathrm{d}\xi}=2C_\mathrm{d}-H^*\,\frac{C_\mathrm{f}}{2} \tag{7-31}$$

同样受版面所限，方程中各参数的具体含义及其他相关方程在此将不再赘述，详情请见文献［8］。离散后得到的非线性方程采用牛顿线性化方法结合高斯方法求解。

7.3.4 程序设计与运算

7.3.4.1 准备翼型坐标文件

XFOIL 程序首先需要输入翼型坐标点数据文件，文件以 .dat 后缀命名，文件里有两列数据，第一列是翼型坐标点的 x 坐标，第二列是翼型坐标点的 y 坐标；x 坐标要归一化至区间 ［0,1］，前缘点 x 坐标为 0，尾缘点 x 坐标为 1。需要注意的是，XFOIL 对翼型坐标点的排序有要求，第一个点为尾缘点（1，0），然后绕着翼型表面逆时针方向依次输入坐标点数据，最后一个点又回到尾缘点。此处，给出了对称翼型 NACA0018 的翼型点坐标，存储在 NACA0018.dat 文本文件中。表 7-9 中列出了翼型的具体坐标点。

表 7-9　翼型 NACA0018 的点坐标数据

x	y	x	y	x	y	x	y
1.000000	0.001890	0.473832	0.081772	0.002739	−0.013672	0.578217	−0.071074
0.999315	0.002034	0.447736	0.083884	0.006156	−0.020255	0.603956	−0.067961
0.997261	0.002465	0.421783	0.085722	0.010926	−0.026655	0.629410	−0.064721
0.993844	0.003181	0.396044	0.087263	0.017037	−0.032855	0.654508	−0.061376
0.989074	0.004174	0.370590	0.088483	0.024472	−0.038840	0.679184	−0.057951
0.982963	0.005438	0.345492	0.089362	0.033210	−0.044589	0.703368	−0.054466
0.975528	0.006964	0.320816	0.089881	0.043227	−0.050083	0.726995	−0.050944
0.966790	0.008739	0.296632	0.090022	0.054497	−0.055300	0.750000	−0.047405
0.956773	0.010751	0.273005	0.089772	0.066987	−0.060218	0.772320	−0.043869
0.945503	0.012987	0.250000	0.089119	0.080665	−0.064816	0.793893	−0.040358

x	y	x	y	x	y	x	y
0.933013	0.015429	0.227680	0.088053	0.095492	-0.069073	0.814660	-0.036890
0.919335	0.018063	0.206107	0.086571	0.111427	-0.072972	0.834565	-0.033484
0.904508	0.020871	0.185340	0.084671	0.128428	-0.076494	0.853553	-0.030161
0.888573	0.023836	0.165435	0.082353	0.146447	-0.079625	0.871572	-0.026939
0.871572	0.026939	0.146447	0.079625	0.165435	-0.082353	0.888573	-0.023836
0.853553	0.030161	0.128428	0.076494	0.185340	-0.084671	0.904508	-0.020871
0.834565	0.033484	0.111427	0.072972	0.206107	-0.086571	0.919335	-0.018063
0.814660	0.036890	0.095492	0.069073	0.227680	-0.088053	0.933013	-0.015429
0.793893	0.040358	0.080665	0.064816	0.250000	-0.089119	0.945503	-0.012987
0.772320	0.043869	0.066987	0.060218	0.273005	-0.089772	0.956773	-0.010751
0.750000	0.047405	0.054497	0.055300	0.296632	-0.090022	0.966790	-0.008739
0.726995	0.050944	0.043227	0.050083	0.320816	-0.089881	0.975528	-0.006964
0.703368	0.054466	0.033210	0.044589	0.345492	-0.089362	0.982963	-0.005438
0.679184	0.057951	0.024472	0.038840	0.370590	-0.088483	0.989074	-0.004174
0.654508	0.061376	0.017037	0.032855	0.396044	-0.087263	0.993844	-0.003181
0.629410	0.064721	0.010926	0.026655	0.421783	-0.085722	0.997261	-0.002465
0.603956	0.067961	0.006156	0.020255	0.447736	-0.083884	0.999315	-0.002034
0.578217	0.071074	0.002739	0.013672	0.473832	-0.081772	1.000000	-0.001890
0.552264	0.074037	0.000685	0.006917	0.500000	-0.079410		
0.526168	0.076824	0.000000	0.000000	0.526168	-0.076824		
0.500000	0.079410	0.000685	-0.006917	0.552264	-0.074037		

7.3.4.2　准备主输入文件

模拟翼型在光滑条件下的气动性能时需要准备主输入文件，文件以 NACA0018.inp 命名，文件里写有对应的 XFOIL 程序可识别的代码命令，命令可以计算光滑翼型在 $-5°\sim20°$ 攻角范围内的升阻力系数，并保存到 xfoilout_ NACA0018.txt 文件中。值得注意的是，下文"此处留空白行"代表在 .inp 文件中键入回车键留一空白行。

```
LOAD
NACA0018.dat
"此处留空白行"
OPER
visc
2.e6
```

```
mach
0.15
pacc
xfoilout_NACA0018.txt
"此处留空白行"
aseq
-5
20
1
"此处留空白行"
Quit
```

风力机实际的工作环境不同于风洞实验室，沙尘、昆虫等均会使翼型前缘变粗糙，会造成翼型升力系数降低、阻力系数增大，造成风力机的发电效率降低。因此，有必要对表面粗糙的翼型性能进行仿真分析，用以设计对表面粗糙度不敏感的翼型和叶片。与光滑表面的翼型模拟相比，模拟前缘表面粗糙条件下翼型气动性能时所需要的主输入文件略有不同，重点增加了控制转捩位置的 xtr 命令语句，该输入文件以 NACA0018 _ rough.inp 命名，文件里有对应的 XFOIL 程序可识别代码命令，命令可以计算粗糙翼型在 $-5°\sim20°$ 攻角范围内的升阻力系数，并保存到 xfoilout _ NACA0018 _ rough.txt 文件中。值得注意的是，下文"此处留空白行"代表在 .inp 文件中键入回车键留一空白行。

```
LOAD
NACA0018.dat
"此处留空白行"
OPER
visc
2.e6
mach
0.15
vpar
xtr
0.02
0.1
"此处留空白行"
pacc
xfoilout_NACA0018_rough.txt
"此处留空白行"
aseq
```

```
-5
20
1
"此处留空白行"
Quit
```

7.3.4.3 MATLAB 调用

上文中 .inp 文件的命令可以直接在 XFOIL 程序交互式界面中输入，直接实现对程序的操控，此外使用 MATLAB 程序来调用 XFOIL 程序，实现自动读入主输入文件 .inp 中的相关命令，进行对应的翼型气动性能计算。将 XFOIL 程序、主输入文件 .inp 放到同一文件夹，并将该文件夹地址加入 MATLAB 工作路径。计算翼型在光滑条件和前缘粗糙条件下气动性能的代码分别为：

```
! xfoil<NACA0018.inp
! xfoil<NACA0018_rough.inp
```

7.3.5 结果展示与分析

采用 XFOIL 程序对 NACA0018 翼型进行气动模拟仿真，得到翼型在光滑条件和前缘粗糙条件下升力系数和阻力系数随攻角的变化，如图 7-23 和图 7-24 所示。由图 7-23 可知，前缘粗糙条件下，翼型的升力系数在攻角大于 10°后开始明显低于光滑翼型。由图 7-24 可知，前缘粗糙条件下，翼型的阻力系数有明显的增幅。

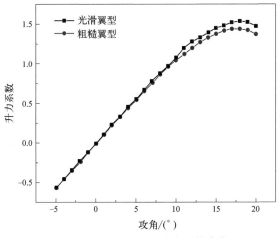

图 7-23　NACA0018 升力系数曲线

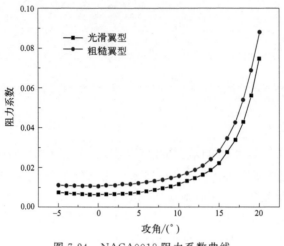

图 7-24　NACA0018 阻力系数曲线

7.4　风力机风轮气动模拟

7.4.1　引言

　　除了风力机翼型的气动性能，风力机风轮的气动性能分析也是风力机气动研究的重要内容，是整机发电量预测、风电场控制等的基础。因此，本节将以额定功率 5MW 的风力机为研究对象，介绍风轮气动性能预测的一种快速计算方法。该方法基于动量理论及叶素动量理论[9]（Blade Element Momentum，BEM），用以求解风力机在额定风速下所承受的气动力载荷，最终获得叶片上的受力分布，并求解风轮的轴功率，从而使读者进一步深入理解和掌握风力机风轮气动性能分析方法及叶素动量理论。

7.4.2　物理模型

　　【例题 7-4】　选取 NREL 5MW 风力机[3] 为案例的研究对象，其风轮直径 126m，轮毂半径 1.5m，叶片长 61.5m。风力机叶片、叶根上采用两种圆柱翼型 Cylinder1、Cylinder2，其他区域采用相对厚度为 40%、35%、30%、25%、21% 和 18% 的 6 种翼型。风力机的详细外形参数及翼型的升阻力系数参数请见表 7-10 至表 7-12。在额定风速 11.4m/s 下，风轮转速为 12.1r/min，桨距角为 0°，额定功率为 5MW。请编写程序求解该运行参数下风力机单个叶片的受力分布情况及风轮轴功率。

表 7-10　NREL 5 MW 参考风力机叶片的外形参数

半径/m	弦长/m	扭角/(°)	翼型
0.00	3.54	13.3	Cylinder1
1.37	3.54	13.3	Cylinder1
4.10	3.85	13.3	Cylinder1
6.83	4.17	13.3	Cylinder2
10.3	4.56	13.3	DU40_A17
14.4	4.65	11.5	DU35_A17
18.5	4.46	10.2	DU35_A17
22.6	4.25	9.01	DU30_A17
26.7	4.01	7.80	DU25_A17
30.8	3.75	6.54	DU25_A17
34.9	3.50	5.36	DU21_A17
39.0	3.26	4.19	DU21_A17
43.1	3.01	3.13	NACA64_A17
47.2	2.76	2.32	NACA64_A17
51.3	2.52	1.53	NACA64_A17
54.7	2.31	0.863	NACA64_A17
57.4	2.09	0.370	NACA64_A17
60.1	1.42	0.106	NACA64_A17
61.5	1.42	0.106	NACA64_A17

表 7-11　NREL 5 MW 参考风力机叶片翼型的升力系数

攻角/(°)	Cylinder1	Cylinder2	DU40_A17	DU35_A17	DU30_A17	DU25_A17	DU21_A17	NACA64_A17
−30	0	0	−0.839	−0.846	−0.858	−0.862	−0.838	−0.829
−25	0	0	−0.777	−0.784	−0.832	−0.803	−0.791	−0.853
−20	0	0	−0.685	−0.693	−1.013	−0.815	−0.869	−0.958
−15	0	0	−0.534	−0.579	−1.275	−0.932	−1.033	−1.105
−10	0	0	−0.311	−0.480	−0.850	−0.828	−0.828	−0.711
−5	0	0	−0.072	−0.359	−0.382	−0.220	−0.113	−0.151
−4	0	0	−0.054	−0.351	−0.251	−0.084	0.016	−0.017
−3	0	0	0.003	−0.240	−0.120	0.049	0.145	0.088
−2	0	0	0.009	−0.091	0.017	0.181	0.270	0.213
−1	0	0	0.036	0.052	0.152	0.312	0.396	0.328

攻角/(°)	Cylinder1	Cylinder2	DU40_A17	DU35_A17	DU30_A17	DU25_A17	DU21_A17	NACA64_A17
0	0	0	0.137	0.196	0.288	0.444	0.521	0.442
1	0	0	0.292	0.335	0.421	0.573	0.645	0.556
2	0	0	0.444	0.472	0.554	0.701	0.768	0.670
3	0	0	0.580	0.608	0.685	0.827	0.888	0.784
4	0	0	0.710	0.742	0.815	0.952	0.996	0.898
5	0	0	0.841	0.875	0.944	1.062	1.095	1.011
6	0	0	0.967	1.007	1.072	1.161	1.192	1.103
7	0	0	1.084	1.134	1.197	1.254	1.283	1.181
8	0	0	1.193	1.260	1.305	1.336	1.358	1.257
9	0	0	1.287	1.368	1.390	1.400	1.403	1.326
10	0	0	1.368	1.475	1.458	1.442	1.358	1.382
11	0	0	1.425	1.570	1.512	1.374	1.287	1.415
12	0	0	1.473	1.642	1.549	1.277	1.272	1.434
13	0	0	1.513	1.700	1.470	1.246	1.273	1.451
14	0	0	1.563	1.712	1.354	1.256	1.272	1.448
15	0	0	1.614	1.687	1.333	1.271	1.275	1.445
16	0	0	1.649	1.649	1.329	1.289	1.284	1.448
17	0	0	1.681	1.598	1.321	1.304	1.306	1.438
18	0	0	1.719	1.549	1.333	1.315	1.308	1.448
19	0	0	1.751	1.544	1.362	1.330	1.308	1.448
20	0	0	1.783	1.565	1.398	1.354	1.311	1.428
25	0	0	1.872	1.546	1.354	1.215	1.136	1.168
30	0	0	1.904	1.522	1.265	1.076	0.962	0.926
35	0	0	1.929	1.544	1.264	1.066	0.947	0.800
40	0	0	1.903	1.529	1.258	1.064	0.950	0.804
45	0	0	1.820	1.471	1.217	1.035	0.928	0.793
50	0	0	1.690	1.376	1.146	0.980	0.884	0.763
55	0	0	1.522	1.249	1.049	0.904	0.821	0.717
60	0	0	1.323	1.097	0.932	0.810	0.740	0.656
65	0	0	1.106	0.928	0.799	0.702	0.646	0.582
70	0	0	0.880	0.750	0.657	0.582	0.540	0.495
75	0	0	0.658	0.570	0.509	0.456	0.425	0.398
80	0	0	0.449	0.396	0.362	0.326	0.304	0.291

攻角 /(°)	Cylinder1	Cylinder2	DU40_ A17	DU35_ A17	DU30_ A17	DU25_ A17	DU21_ A17	NACA64_ A17
85	0	0	0.267	0.237	0.221	0.197	0.179	0.176
90	0	0	0.124	0.101	0.092	0.072	0.053	0.053

表 7-12　NREL 5 MW 参考风力机叶片翼型的阻力系数

攻角/(°)	Cylinder1	Cylinder2	DU40_ A17	DU35_ A17	DU30_ A17	DU25_ A17	DU21_ A17	NACA64_ A17
−30	0.5	0.35	0.393	0.414	0.450	0.462	0.441	0.430
−25	0.5	0.35	0.285	0.303	0.336	0.344	0.326	0.307
−20	0.5	0.35	0.186	0.201	0.239	0.224	0.198	0.179
−15	0.5	0.35	0.118	0.115	0.160	0.102	0.069	0.054
−10	0.5	0.35	0.093	0.053	0.072	0.029	0.029	0.011
−5	0.5	0.35	0.055	0.022	0.010	0.007	0.007	0.008
−4	0.5	0.35	0.041	0.017	0.009	0.007	0.006	0.007
−3	0.5	0.35	0.030	0.024	0.009	0.007	0.006	0.006
−2	0.5	0.35	0.020	0.016	0.009	0.007	0.006	0.005
−1	0.5	0.35	0.015	0.012	0.009	0.007	0.006	0.005
0	0.5	0.35	0.011	0.009	0.009	0.007	0.006	0.005
1	0.5	0.35	0.012	0.010	0.009	0.007	0.006	0.005
2	0.5	0.35	0.012	0.010	0.009	0.007	0.006	0.005
3	0.5	0.35	0.012	0.010	0.009	0.007	0.006	0.005
4	0.5	0.35	0.012	0.011	0.010	0.007	0.007	0.005
5	0.5	0.35	0.013	0.011	0.010	0.008	0.009	0.006
6	0.5	0.35	0.014	0.011	0.010	0.010	0.011	0.009
7	0.5	0.35	0.016	0.012	0.011	0.013	0.013	0.011
8	0.5	0.35	0.020	0.012	0.013	0.015	0.015	0.012
9	0.5	0.35	0.028	0.013	0.016	0.018	0.018	0.014
10	0.5	0.35	0.039	0.016	0.019	0.026	0.026	0.015
11	0.5	0.35	0.058	0.019	0.026	0.042	0.035	0.038
12	0.5	0.35	0.082	0.027	0.037	0.060	0.047	0.061
13	0.5	0.35	0.113	0.040	0.063	0.079	0.063	0.084
14	0.5	0.35	0.147	0.061	0.093	0.100	0.081	0.107
15	0.5	0.35	0.185	0.098	0.124	0.122	0.099	0.129
16	0.5	0.35	0.225	0.138	0.159	0.143	0.117	0.151

攻角/(°)	Cylinder1	Cylinder2	DU40_A17	DU35_A17	DU30_A17	DU25_A17	DU21_A17	NACA64_A17
17	0.5	0.35	0.268	0.181	0.190	0.165	0.137	0.173
18	0.5	0.35	0.312	0.232	0.219	0.185	0.156	0.195
19	0.5	0.35	0.355	0.272	0.246	0.206	0.177	0.217
20	0.5	0.35	0.400	0.309	0.269	0.228	0.199	0.238
25	0.5	0.35	0.614	0.499	0.420	0.368	0.337	0.338
30	0.5	0.35	0.844	0.698	0.584	0.515	0.481	0.429
35	0.5	0.35	1.072	0.887	0.744	0.655	0.613	0.532
40	0.5	0.35	1.287	1.067	0.897	0.790	0.740	0.645
45	0.5	0.35	1.480	1.232	1.040	0.919	0.862	0.757
50	0.5	0.35	1.640	1.375	1.169	1.038	0.978	0.866
55	0.5	0.35	1.761	1.490	1.278	1.143	1.085	0.971
60	0.5	0.35	1.836	1.573	1.365	1.233	1.180	1.069
65	0.5	0.35	1.861	1.620	1.427	1.306	1.262	1.161
70	0.5	0.35	1.835	1.630	1.462	1.359	1.330	1.244
75	0.5	0.35	1.757	1.603	1.471	1.392	1.383	1.318
80	0.5	0.35	1.633	1.542	1.454	1.406	1.420	1.381
85	0.5	0.35	1.485	1.460	1.420	1.404	1.442	1.430
90	0.5	0.35	1.388	1.404	1.394	1.399	1.451	1.457

7.4.3 数学模型

7.4.3.1 动量理论[9]

动量理论的核心原理是将风力机风轮简化为一维气动盘，然后从无限远来流到无限远尾流画出包含一维气动盘的流管，再进行力学分析。将风轮平面沿径向分割成一些圆环段，并且假设每一个圆环与其他圆环相互独立。图 7-25 展示了空气从无限远上游到流经风轮、再到无限远尾流过程中的速度和压力变化。当把动量定理应用在一个独立的圆环上时，根据一维动量定理，气动盘圆环气流动量的减小量等于气动盘圆环受到的轴向推力：

$$dF = \rho V(V_0 - V_1)dA \tag{7-32}$$

式中，V_0 为风轮前来流速度；V_1 为风轮后尾流速度；V 为流过风轮的速度；ρ 为空气密度；dA 为气动盘上径向宽度为 dr 的圆环面积。

气流从无限远上游到气动盘前满足伯努利定理，同样在气动盘后到无限远尾流

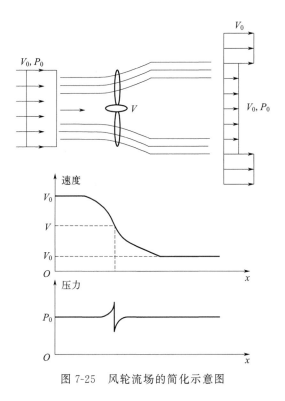

图 7-25　风轮流场的简化示意图

也满足伯努利方程。通过气动盘的气流速度连续，但由于风轮吸收能量而产生压力突降 ΔP，则

$$P_0 + \frac{1}{2}\rho V_0^2 = P + \frac{1}{2}\rho V^2 \tag{7-33}$$

$$P - \Delta P + \frac{1}{2}\rho V^2 = P_0 + \frac{1}{2}\rho V_1^2 \tag{7-34}$$

联立式(7-33) 与式(7-34)，则气动盘前后的静压差为

$$\Delta P = \frac{1}{2}\rho (V_0^2 - V_1^2) \tag{7-35}$$

由此，气动盘圆环受到的轴向推力为

$$\mathrm{d}F = \Delta P\,\mathrm{d}A = \frac{1}{2}\rho (V_0^2 - V_1^2)\,\mathrm{d}A \tag{7-36}$$

联立式(7-32) 与式(7-36)，则

$$V = \frac{V_0 + V_1}{2} \tag{7-37}$$

定义轴向诱导因子 a，满足如下公式：

$$\begin{cases} V = V_0(1-a) \\ V_1 = V_0(1-2a) \end{cases} \tag{7-38}$$

则作用在气动盘 $\mathrm{d}r$ 圆环上的轴向推力为

$$\mathrm{d}F = 4\pi\rho V_0^2 a(1-a)r\,\mathrm{d}r \tag{7-39}$$

根据动量距方程，气动盘 $\mathrm{d}r$ 圆环所受的扭矩为

$$\mathrm{d}M = 2\pi\rho V(2b\Omega)r^3\,\mathrm{d}r \tag{7-40}$$

式中，Ω 为风轮转动角速度，与轴向诱导因子对应。此外，此处定义 b 为气动盘上半径 r 处的轴向诱导因子。由式(7-38)、式(7-40)，则

$$\mathrm{d}M = 4\pi\rho\Omega V_0 b(1-a)r^3\,\mathrm{d}r \tag{7-41}$$

7.4.3.2 叶素理论[9]

类似于气动盘假设，叶片也可以被分割为很多独立的叶素段。当把叶素理论应用在每一个叶素段上时，也可得到相应叶素的推力和推力系数。对于某个叶素，入流速度三角形和升阻力示意如图 7-26 所示。

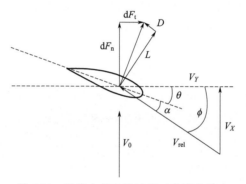

图 7-26　叶素上的入流速度三角形和受力

由 7.4.3.1 的动量理论可知，翼型实际感受到的入流风速 V_{rel} 在 x、y 方向的速度分量 V_x、V_y，即叶素的轴向和切向速度分别为

$$\begin{cases} V_x = V_0(1-a) \\ V_y = \Omega r(1+b) \end{cases} \tag{7-42}$$

翼型实际感受到的入流风速，或叶素的合成入流速度 V_{rel} 为

$$V_{\mathrm{rel}} = \sqrt{V_x^2 + V_y^2} = \sqrt{(1-a)^2 V_0^2 + (1+b)^2 (\Omega r)^2} \tag{7-43}$$

叶素处的入流角 ϕ 和攻角 α 分别表示为

$$\phi = \arctan\frac{(1-a)V_0}{(1+b)\Omega r} = \arctan\frac{(1-a)}{(1+b)\lambda} \tag{7-44}$$

$$\alpha = \phi - \theta \tag{7-45}$$

式中，θ 为叶片叶素处的实际局部扭角。

叶素受到的轴向力系数和切向力系数分别为

$$\begin{cases} C_{\text{n}} = C_l \cos\phi + C_d \sin\phi \\ C_{\text{t}} = C_l \sin\phi - C_d \cos\phi \end{cases} \tag{7-46}$$

式中，C_{n}、C_{t} 分别表示法向力系数和切向力系数。

作用在弦长为 c、长度为 $\mathrm{d}r$ 叶素上的轴向力和切向力分别为

$$\begin{cases} \mathrm{d}F_n = \dfrac{1}{2}\rho c V_{\text{rel}}^2 C_{\text{n}} \mathrm{d}r \\ \mathrm{d}F_{\text{t}} = \dfrac{1}{2}\rho c V_{\text{rel}}^2 C_{\text{t}} \mathrm{d}r \end{cases} \tag{7-47}$$

则风轮 $\mathrm{d}r$ 圆环所受的轴向推力和切向力为

$$\begin{cases} \mathrm{d}F = \dfrac{1}{2}B\rho c V_{\text{rel}}^2 C_{\text{n}} \mathrm{d}r \\ \mathrm{d}M = \dfrac{1}{2}B\rho c V_{\text{rel}}^2 C_{\text{t}} r \mathrm{d}r \end{cases} \tag{7-48}$$

式中，B 为叶片数。

7.4.3.3　叶素动量理论[9]

联立动量理论和叶素理论得到的风轮轴向推力和扭矩公式(7-39)、式(7-41)与式(7-48)，并引入风轮实度 σ（叶片占风轮周长的比值）：

$$\sigma = \frac{Bc}{2\pi r} \tag{7-49}$$

整理后可得：

$$\frac{a}{1-a} = \frac{\sigma C_{\text{n}}}{4\sin^2\phi} \tag{7-50}$$

$$\frac{b}{1+b} = \frac{\sigma C_{\text{t}}}{4\sin\phi\cos\phi} \tag{7-51}$$

联立求解式(7-44)、式(7-50) 和式(7-51)，得到轴向诱导因子 a 和轴向诱导因子 b，进而获得叶片受到的力和力矩，至此完成叶素动量理论的求解。

一维动量理论将风轮简化为一个半透气的气动盘，代表了无限叶片数目的桨盘，而实际的叶片数目是有限的，为此，Prandtl 提出了叶尖损失修正因子来表征定理中半透气气动盘简化而带来的损失：

$$F = \frac{2}{\pi}\arccos\left[\exp\left(-\frac{B}{2}\times\frac{R-r}{r\sin\phi}\right)\right] \tag{7-52}$$

对风轮的轴向诱导因子 a 和轴向诱导因子 b 进行修正，则最终得到：

$$a = \frac{1}{4F\sin^2\phi/(\sigma C_{\text{n}})+1} \tag{7-53}$$

$$b = \frac{1}{4F\sin\phi\cos\phi/(\sigma C_{\text{t}})-1} \tag{7-54}$$

当轴向诱导因子 a 大于一个临界值 a_c 时（$a > a_c$），风力机进入"湍流尾迹"状态，轴向动量公式(7-53)不再适用。此时，需要采用一个轴向诱导因子与推力系数之间的经验公式来加以解决。所以，此处采用 Spera 的修正模型[9] 来获得轴向诱导因子 a 为

$$a = \begin{cases} \dfrac{1}{4F\sin^2\phi/(\sigma C_n)+1} , a \leqslant a_c \\ \dfrac{1}{2}\left\{2+k(1-2a_c)-\sqrt{[k(1-2a_c)+2]^2+4(ka_c^2-1)}\right\} , a > a_c \end{cases} \tag{7-55}$$

式中，参数 k 为

$$k = \frac{4F\sin^2\phi}{\sigma C_n} \tag{7-56}$$

7.4.4　程序设计与运算

给定未知数初始值，采用不动点迭代方法便可以求解式(7-44)、式(7-50) 和式(7-51)，其流程如图 7-27 所示。

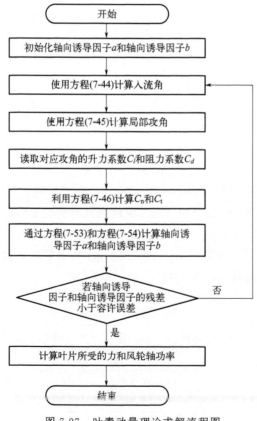

图 7-27　叶素动量理论求解流程图

依据流程图 7-27，使用 MATLAB 进行编程，便可以求解得到单支叶片所受的轴向力（法向力）和切向力，进而通过积分得到风轮扭矩，再乘以风轮转速便可以得到风轮的轴功率以及功率系数。具体操作及程序代码如下：

① 准备叶片外形输入文件 geometry. dat，文件中第一列为风轮半径，第二列为弦长，第三列为扭角，第四列为相对厚度，这些数据在表 7-10 中已经提供。

② 准备翼型升阻力系数输入文件 Cylinder1. dat、Cylinder2. dat、DU40_A17. dat、DU35_A17. dat′、DU30_A17. dat、DU25_A17. dat、DU21_A17. dat、NACA64_A17. dat，文件中第一列为攻角，第二列为升力系数，第三列为阻力系数，这些数据在表 7-11 和表 7-12 中已经提供。

③ MATLAB 执行程序

```
clc;clear all;
%-----------------------------------------------
% *************** 请输入参数 ***************************
Rb=1.5;R=61.5+Rb;B=3;              % 定义叶片半径、轮毂半径、叶片数目
v0=11.4;                           % 自由来流风速,此处设定额定风速 11.4m/s
omega=12.1;                        % 风轮转速,此处设定为额定转速
pitch=0;                           % 叶片安装桨距角,此处设定为不变桨 0°
density=1.245;                     % 空气密度
fname='geometry. dat';             % 输入叶片外形文件:第一列风轮半径,第二列弦
                                     长,第三列扭角,第四列相对厚度
dr=0.5;                            % 定义微元长度
% ------------------------------------------------
% *************** 整个风轮 BEM 计算开始 *******************
% ----准备变量----------
r=Rb;dr;R;imax=length(r);
F_thrust=zeros(1,imax);Torque=F_thrust;F_tangential=F_thrust;Fn=F_thrust;Ft=
F_thrust;Aot=F_thrust;              % 定义变量
omega=omega * pi/30;               % 转每分钟转换为弧度每秒
ang=180/pi;                        % 角度弧度转换,无需改动
act=0.3;                           % 动量理论不适用的临界轴向诱导因子,无需
                                     改动
data_blade=load(fname);            % 读入叶片外形文件
data_blade(:,1)=data_blade(:,1)+Rb;
% ----从叶根到叶尖的位置循环----------
for i=1:imax-1
% -----Piecewise Cubic Hermite 差值------
c=pchip(data_blade(:,1),data_blade(:,2),r(i));
twist=pchip(data_blade(:,1),data_blade(:,3),r(i));
lamdr=omega * r(i)/v0;
```

```
denb=B*c/(2*pi*r(i));
%----------读入翼型升阻力系数----------
if r(i)>=0 && r(i)<=6.83
    data=load('Cylinder1.dat');              % 第一列攻角,第二列升力系数,第三列阻力
                                               系数
elseif r(i)>6.83 && r(i)<10.3
    data=load('Cylinder2.dat');              % 第一列攻角,第二列升力系数,第三列阻力
                                               系数
elseif r(i)>=10.3 && r(i)<=14.4
    data=load('DU40_A17.dat');               % 第一列攻角,第二列升力系数,第三列阻力
                                               系数
elseif r(i)>14.4 && r(i)<=22.6
    data=load('DU35_A17.dat');               % 第一列攻角,第二列升力系数,第三列阻力
                                               系数
elseif r(i)>=22.6 && r(i)<=26.7
    data=load('DU30_A17.dat');               % 第一列攻角,第二列升力系数,第三列阻力
                                               系数
elseif r(i)>26.7 && r(i)<=34.9
    data=load('DU25_A17.dat');               % 第一列攻角,第二列升力系数,第三列阻力
                                               系数
elseif r(i)>=34.9 && r(i)<=43.1
    data=load('DU21_A17.dat');               % 第一列攻角,第二列升力系数,第三列阻力
                                               系数
elseif r(i)>43.1 && r(i)<=61.5
    data=load('NACA64_A17.dat');             % 第一列攻角,第二列升力系数,第三列阻力
                                               系数
end
%****************单个叶素位置的BEM计算开始****************
%--------------准备--------------
j=1;torphy=1;
a=1/3;b=0;                                   % 迭代初始值
phy=atan((1-a)/(1+b)/lamdr)*ang;             % 计算初始入流角度
jmax=1000;tor=1e-6;                          % 最大迭代步数和收敛残差
%------------迭代,直到超过最大迭代步数或者残差小于规定值--------------
while torphy>tor && j<jmax
    aot=phy-twist-pitch;
    f=B*(R-r(i))/(2*r(i)*abs(sind(phy)));
    F=acos(exp(-f))*2/pi;                    % 叶尖损失因子
    cl=pchip(data(:,1),data(:,2),aot);       % 差值得到叶素位置处的升力系数
    cd=pchip(data(:,1),data(:,3),aot);       % 差值得到叶素位置处的阻力系数
    cn=cl*cosd(phy)+cd*sind(phy);            % 叶素位置处的轴向力系数
    ct=cl*sind(phy)-cd*cosd(phy);            % 叶素位置处的切向力系数
```

```matlab
        K=4 * F * sind(phy)^2/denb/cn;
        % ---计算轴向诱导因子----
        a=1/(K+1);
        if a<=act
            a=1/(K+1);
        elseif a<1
            a=0.5 * (2+K * (1-2 * act)-sqrt(((1-2 * act) * K+2)^2+4 * (K * act^2-1)));
        else
            a=0;
        end
        %---计算切向诱导因子----
        b=1/(4 * F * sind(phy) * cosd(phy)/denb/ct-1);
        %---计算新的入流角----
        phy1=atan((1-a)/(1+b)/lamdr) * ang;
        %---计算入流角的残差----
        torphy=abs(phy1-phy);
        %---计算下一迭代步的入流角,1/4 为松弛因子,提高收敛能力---
        phy=phy+1/4 * (phy1-phy);
        %% ---迭代步数加 1--
        j=j+1;
    end
% ***************单个叶素位置的 BEM 计算结束***************
    F_thrust(i)=density/2 * v0^2 * (1-a)^2/(sind(phy))^2 * c * cn;      % 叶片某位置处单
                                                                       %   位长度的轴向力
                                                                       %   或者推力,单只
                                                                       %   叶片
    F_tangential(i)=density/2 * v0^2 * (1-a)^2/(sind(phy))^2 * c * ct;  % 叶片某位置处单
                                                                       %   位长度的切向
                                                                       %   力,单只叶片

    Torque(i)=F_tangential(i) * r(i);
    Aot(i)=phy-twist-pitch;                                            % 叶片某位置处
                                                                       %   攻角

%   Fn(i)=density/2 * v0^2 * (1-a)^2/(sind(phy))^2 * c * Cfn;
%   Ft(i)=density/2 * v0^2 * (1-a)^2/(sind(phy))^2 * c * Ctn;
end
% ***************整个风轮 BEM 计算结束***************
% --------------------------------------------------------
% ---------后处理,画图-------------------
figure(1)
plot(r,F_thrust,'b--',r,F_tangential,'k-');                            % 画图,叶片单位
                                                                       %   长度所受的轴
                                                                       %   向力和切向力

xlabel('风轮半径[m]');ylabel('Fn,Ft[N/m]')
```

```
legend('Fn','Ft')
figure(2)
plot(r,Aot,'k-');                                  % 画图,叶片的攻角分布
xlabel('风轮半径[m]');ylabel('攻角[°]')
% ----------后处理,求风轮轴功率、功率系数----------
power=sum(Torque) * dr * 3 * omega
Cp=power/(0.5 * density * v0 ^ 3 * pi * R ^ 2)
```

7.4.5 结果展示与分析

示例程序中自由来流风速为额定风速 11.4m/s,风轮转速为 12.1r/min,叶片安装桨距角为 0°,得到风力机单支叶片单位长度上的法向力(轴向力)和切向力的分布情况,如图 7-28 所示。可以看出,从叶根到叶尖的大部分区域,法向力呈现单调递增趋势;而从径向位置约 58m 至叶尖处,受到叶尖损失的影响,法向力开始迅速下降。切向力在叶片大部分区域近乎保持不变,在紧靠叶尖的区域也由于叶尖损失而迅速下降。需要注意的是,径向位置越大代表了更大的力臂,所贡献的扭矩也越大,因此叶片靠近叶尖的后半段才是功率输出的主要区域。风力机单支叶片上的攻角分布如图 7-29 所示,可以看到,径向位置 30m 以上的大部分区域的气流攻角在 5°~6° 之间,靠近翼型的设计攻角,表明在本工况下风轮的流动状态较为合理。

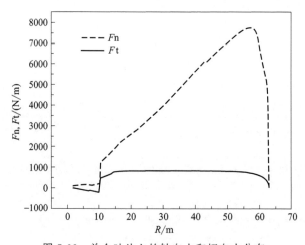

图 7-28 单个叶片上的轴向力和切向力分布

若将叶根到叶尖把所有微元段的扭矩积分可得到单只叶片产生的扭矩,再根据风轮的叶片数目和风轮的转速,就可以得到风轮的轴功率。改变程序第二行的来流风速及第三行的风轮转速,可得到风力机在不同风速下的风轮轴功率,如表 7-13 所示。从表中可以看出,随着风速的增加,风轮的轴功率呈现非线性增加。需要说

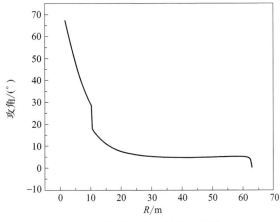

图 7-29　单个叶片上的攻角分布

明的是，风轮的轴功率经过变速箱传递到发电机会有传动损失，再经过发电机会产生发电损失。这导致风力发电机最终发出的电功率会低于风轮的轴功率。

表 7-13　NREL 5 MW 参考风力机不同风速下的风轮轴功率

风速/(m/s)	5	6	7	8	9	10	11	11.4
功率/MW	0.4652	0.8039	1.2765	1.9055	2.7131	3.7216	4.9535	5.5138

参 考 文 献

[1] 黄先北，郭嫱. OpenFOAM 从入门到精通 [M]. 北京：中国水利水电出版社，2021.

[2] Pedersen N，Larsen P S，Jacobsen C B. Flow in a centrifugal pump impeller at design and offdesign condi-tions—part I：particle image velocimetry（PIV）and laser Doppler velocimetry（LDV）measurements [J]. Journal of Fluids Engineering，2003，125（1）：61-72.

[3] 王福军. 计算流体动力学分析：CFD 软件原理与应用 [M]. 北京：清华大学出版社，2004.

[4] Schnerr G H，Sauer J. Physical and Numerical Modeling of Unsteady Cavitation Dynamics. Proc. 4th Inter-national Conference on Multiphase Flow，U. S. A.：New Orleans，2001：1-13.

[5] 丁源. ANSYS CFX 19.0 从入门到精通 [M]. 北京：清华大学出版社，2020.

[6] Roohi E，Zahiri A P，Passandideh-Fard M. Numerical simulation of cavitation around a twodimensional hydrofoil using VOF method and LES turbulence model [J]. Applied Mathematical Modelling，2013，37（9）：6469-6488.

[7] Huang B，Young Y L，Wang G Y，et al. Combined Experimental and Computational Investigation of Unsteady Structure of Sheet/Cloud Cavitation [J]. Journal of Fluids Engineering，2013，135（7）：071301.

[8] Drela M. XFOIL：An Analysis and Design System for Low Reynolds Number Airfoils [J]. Lecture notes in engineering，1989，54：1-12.

[9] Hansen M O L. Aerodynamics of wind turbines [M]. London：Earthscan. 2008：192.

[10] Jonkman J M，Butterfield S，Musial W，et al. Definition of a 5MW Reference Wind Turbine for Off-shore System Development [R]. Golden：National Renewable Energy Lab（NREL），2009：75.

第8章

能源与动力工程专业其他常用计算机模拟软件

本书主要采用了 MATLAB、Microsoft Visual Studio、OpenFOAM 等常用程序语言或开源软件作为开展能源与动力工程计算机模拟的工具。除此之外，随着能源与动力工程领域对计算机模拟深度与广度要求的不断提升，国际上多家知名软件公司开发出了 ANSYS Fluent、ANSYS CFX、Aspen Plus、Comsol Multiphysics 等一系列相关的商业软件，这些软件功能全面、界面友好、兼容性好、稳定性高，可以求解能源与动力工程领域的多种复杂问题，得到了科研人员和工程技术人员的青睐。

8. 1　ANSYS Fluent

Fluent 是一款采用 C 语言编写的通用商业 CFD 软件，由 Fluent 公司在 1983 年推出，被广泛应用于流动、传热、传质、化学反应等领域的数值模拟中。2006 年，ANSYS 公司收购 Fluent 后，Fluent 被集成进了 ANSYS 软件中，可在 ANSYS 的 workbench 环境下运行，也可单独运行。Fluent 提供了一个具有可交互界面的 CFD 解决方案，从前处理、求解到后处理的一连串工作流程清晰、简单，是国内外最为广泛使用的 CFD 软件之一。

基于 Fluent 的 CFD 问题求解的步骤通常为：

① 明确数值计算目标；

② 创建几何模型并进行网格划分；

③ 设置求解器以及物理模型参数；

④ 计算直至获得收敛的数值解；

⑤ 保存计算结果并进行相应的后处理；

⑥ 如对当前结果不满意，可对网格划分以及物理模型进行一些调整后再计算。

几何模型的建立与网格的划分属于前处理过程，Fluent 可兼容许多前处理软件，从早期的 Gambit、TGrid 到其加入 ANSYS 后的 Icem CFD、ANSYS Mesh、Fluent Meshing 等均可输出用于 Fluent 计算的网格。这些前处理软件都具有一些基础的几何模型构建功能，但前处理软件的核心功能是网格的划分，因而在构建复杂的几何结构时存在较高的难度。但许多实际工程应用中需要模拟的几何结构都十分复杂，这种情况下，可使用 CAD、Solidworks 等软件创建几何模型后导入前处理软件进行网格划分。Fluent 支持二维、二维轴对称、三维等多种空间维度与特征的模拟计算，可采用的网格单元包括三角形、四边形、六边形、四面体、六面体、多面体等多种构型，可使用结构化、非结构化以及混合型网格，还能够依据变量的值或其梯度等对特定局部区域的网格进行细化或粗化处理。

Fluent 包含了模拟传热、传质、流动、化学反应等多种物理化学过程的模型，且模型之间可进行耦合，可完成多种常见工程问题的模拟，例如：定常与非定常流动、湍流、传热、相变储热与放热、化学反应、燃烧、污染物传播、多相流、电池热管理等。Fluent 提供了多种类型的边界条件，可由用户自行选择并定义，所有的边界条件的参数如温度、热流密度等均可设置成随空间与时间变化，具有很高的灵活性。此外，Fluent 还提供了与 C 语言的接口，可通过编写用户自定义方程（UDF，user defined function）来对模型、边界条件、求解过程等进行进一步的用户操控。

Fluent 支持使用 CPU 或 GPU 进行并行计算来提高计算效率。在并行计算过程中，Fluent 会将计算区域分成多个部分，并将每个部分指定给一个计算节点，这些计算节点可以是同一个计算机上的，也可以是不同计算机上的。通常计算效率会随计算节点数量的增加而提高，但当节点数量达到一定值后，计算节点之间的通信效率将阻碍计算效率的进一步提升，因此并行计算的节点数会依据计算机性能而存在一个最佳值。

Fluent 软件自身具有一些后处理的功能，例如：可视化地展示等值线、速度矢量等，以及计算均值、通量等。ANSYS 也提供了一些后处理软件，例如 CFD-Post，可直接在 Workbench 中与 Fluent 构成连续的工作流程。此外，还可以使用一些专业的绘图软件例如 Tecplot、Paraview 等或其他的一些数学工具软件读取 Fluent 软件的 case 文件与计算后获得的 data 文件以及其他格式的导出文件来对计算结果进行后处理。

8.2 ANSYS CFX

CFX 是 AEA Technology 公司开发的 CFD 商业仿真软件，这是全球第一个通过 ISO9001 质量认证的大型商业 CFD 软件。1995 年 CFX 推出了专业旋转机械设计与分析软件 CFX-TASC flow。2003 年，CFX 并入 ANSYS 并更名为 ANSYS CFX。

ANSYS CFX 作为一款商用的流体动力学软件，在过去 20 年来被广泛应用于辐射传导、声学与噪声、燃烧与化学反应、流固耦合、多相流与旋转机械等领域，而其中旋转机械领域的表现尤为优异。

和大多数 CFD 软件不同，ANSYS CFX 采用了基于有限元的有限体积法，在保证了有限体积法守恒特性的基础上，吸收了有限元法的数值精确性。ANSYS CFX 的网格灵活性很高，所支持的网格类型包括三角形、四边形、四面体、六面体、五面体和棱柱体（楔形）。与此同时，ANSYS CFX 可以与 ANSYS BladeModeler 几何工具以及 ANSYS TurboGrid 网格生成工具相配合，实现旋转机械的建模与网格划分，使其具备强大的网格构建与模拟处理能力。

ANSYS CFX 的核心是其优秀的求解技术，并可以用脚本和强大的 CEL 语言实现自动化和二次开发。此外，ANSYS CFX 集成在统一的 ANSYS Workbench 平台下，该平台已经成为工业界广泛、深入的先进工程仿真技术互联基础。通过这一平台，ANSYS CFX 可以很轻松地与其他软件联合使用，实现如流固耦合与多目标优化等复杂精细的模拟计算任务。

ANSYS CFX 的后处理程序 CFD-Post 也非常优秀，可以很方便地对各类数据进行后处理，并且可以通过 CEL 语言自定义新的变量进行分析。基于 ANSYS CFX 一贯以来优秀的旋转机械处理能力，CFD-Post 可以轻松显示旋转机械的轴面流道、不同叶片高度上的流面、叶片展开图等诸多旋转机械特有的断面，使分析更加便捷。

在 ANSYS 2022 中，ANSYS CFX 进一步完善了旋转机械的处理方法，引入了 GPU 加速功能，支持 GPU 在 CFD-Post 中加速生成瞬态叶栅模型的动画。同时，TurboGrid 可生成二次流网格模拟叶顶间隙泄漏；配合 CFX 新增的旋转参考密度法可极大地加速叶顶间隙高压力/密度区域收敛速度；CFX Solver 更新了多级优化加速求解速度，大幅提升了多级叶片的计算收敛速度。

8.3　Aspen Plus

Aspen Plus 作为一款通用性化工流程模拟软件，因其完备的物性库、完整的结构、强大的流程分析功能和集成能力，被广泛应用于医药、化工、能源等领域。该软件最早起源于 20 世纪 70 年代后期由美国能源部在麻省理工学院组织开发的新型第三代流程模拟软件——先进过程工程系统（advanced system for process engineering，ASPEN），经过商业化之后便成为 Aspen Plus。在经过了几十年的不断改进和扩展之后，Aspen Plus 不仅成为化工流程模拟领域的首选软件之一，在能源动力系统的仿真和优化方面也表现出了很大优势。

首先，凭借其丰富完善的数据库（6000 多种纯组分物性和 3000 多种固体物性），Aspen Plus 可以处理纯工质、混合工质以及非理想、极性高的复杂物系，为 ORC、Kalina 等动力循环的模拟提供了工质物性保障。此外，该软件包含联立方程法、序贯模块法及其融合解法。结合一系列常规及扩展模型库，可以实现动力循环的新系统开发、装置设计优化、系统改造等贯穿于整个工程生命周期内的稳态过程行为分析，如：

① 预测操作条件和设备尺寸，最大化目标条件对应的蒸发/冷凝压力、工质流量等；

② 比较不同动力循环的优劣；

③ 对动力循环进行严格的质量和能量守恒计算；

④ 预测混合工质的物性；

⑤ 回归实验数据。

面向不同用途、不同层次的 Aspen Co. 产品赋予了 Aspen Plus 强大的集成能力，结合 Aspen dynamics 使用可以实现动力循环时域动态分析、结合 Aspen exchanger design and rating 使用可以实现对各类换热器（如蒸发器、冷凝器、回热器）的严格设计和校核，结合 Aspen economic evaluation 使用可以实现经济成本分析。此外，Aspen 还可以与 MATLAB/ Simulink、Excel、Fortran 等专业软件连接和联合使用，高效解决动力循环的模拟、设计、优化和控制等问题。

8.4　COMSOL Multiphysics

COMSOL Multiphysics 是一款通用的仿真软件，COMSOL Multiphysics 是以有限元法为基础，通过求解偏微分方程（单场）或偏微分方程组（多场）来实现真实物理现象或过程的模拟仿真，可用于工程、制造和科学研究的绝大多数领域。最初，COMSOL Multiphysics 是集成于 MATLAB 中的一个工具箱，随后从 3.2a 版本开始正式成为一个集前处理、求解器和后处理一体化的有限元 CAE 软件，并提供了友好的图形用户化界面和建模工具，提高了软件的用户友好性。此外，COMSOL Multiphysics 可以与 MATLAB 完全兼容，从而可以利用脚本自定义功能实现建模、计算及后处理等。

随着不断丰富发展，COMSOL Multiphysics 已经包含了一个基本模块和传热、微机电系统（MEMS）、结构力学、AC/DC、射频、声学、化学工程和地球科学等专业模块，几乎覆盖了所有的物理、工程应用及应用数学领域。由于软件是通过求解偏微分方程或偏微分方程组探究物理现象，使用者可以通过调用模块或不同模块的应用模式来实现单物理场或多物理场的建模及仿真，尤其是该软件可以快速和方便地实现多物理场耦合模拟，这是其相较于其他软件的最大优势。此外，COMSOL Multiphysics 提供了丰富的接口，可灵活导入各种 CAD 几何模型，支持 SolidWorks、Pro/E、AutoCAD、IGES 等多种常用文件格式，进而实现对复杂几何结构对象的模拟仿真。

在应用过程中，COMSOL Multiphysics 具有 4 个重要特征：

① 描述对象物理特性的方程是以预定义的应用模式封装在软件内，使用者可以方便、直观地通过图形界面输入参数。

② 建模过程中可以通过软件视窗直观了解应用模型的控制方程，方便使用者加深对控制方程的理解。

③ 软件包含丰富的模型库，且软件的用户手册对模型库提供了详细的描述，帮助使用者理解数值模拟的作用及意义。

④ 软件提供了标准的偏微分方程接口，使用者可以通过修改标准方程中的系数，将非软件自有的控制方程输入软件，利用软件的计算能力解决更为复杂的问题。

正是这些特征，使得 COMSOL Multiphysics 软件非常适合工程、科研及教学中的模拟分析。

参 考 文 献

［1］ ANSYS. ANSYS Fluent User Guide. ANSYS，2019.

［2］ ANSYS. ANSYS CFX User Guide. ANSYS，2016.

［3］ Aspen Technology Inc. Aspen Plus User Guide. Version 12. Aspen Technology Inc. ，2020.

［4］ COMSOL. Multiphysics 5. 3 User's Guide. COMSOL，2017.